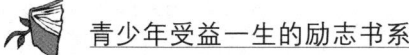
青少年受益一生的励志书系

青少年受益一生的
名人做人智慧

◎总 主 编：汤吉夫
◎本书主编：谢志强

九州出版社
JIUZHOUPRESS 全国百佳图书出版单位

图书在版编目（CIP）数据

青少年受益一生的名人做人智慧/谢志强主编. –北京：
九州出版社，2008.6（2024.4 重印）
（青少年受益一生的励志书系/汤吉夫主编）
ISBN 978-7-80195-888-4

Ⅰ．青…　Ⅱ．谢…　Ⅲ．人生哲学—青少年读物
Ⅳ．B821-49

中国版本图书馆 CIP 数据核字（2008）第 085047 号

青少年受益一生的名人做人智慧

作　　者	汤吉夫　总主编　谢志强　本册主编
出版发行	九州出版社
地　　址	北京市西城区阜外大街甲 35 号（100037）
发行电话	(010)68992190/2/3/5/6
网　　址	www.jiuzhoupress.com
电子信箱	jiuzhou@jiuzhoupress.com
印　　刷	三河市恒升印装有限公司
开　　本	710 毫米 × 1000 毫米　16 开
印　　张	10
字　　数	150 千字
版　　次	2008 年 6 月第 1 版
印　　次	2024 年 4 月第 11 次印刷
书　　号	ISBN 978-7-80195-888-4
定　　价	49.80 元

吃饭与读书（序）

人活着都是要吃饭的，不吃饭没法活，这是硬道理，傻子都懂的硬道理。但是，人活着，跟猪狗鸡鸭毕竟不同，光有饭吃还不行。这个世界几十亿人，大概没有多少光喂饭就能满足的，饿的时候都说，给口吃的就行，一旦吃上了这口，别的需求也就来了。要恋爱、结婚，跟人交往、沟通，要交朋友、挣钱、唱歌，一句话：要学习，得有精神生活。即便理想不高，就当个旧时代的农夫，也得有人教你怎样种地，如何喂牛套车，稍微有点精气神，就会想到出门赶集看戏，有的人还自己学着唱上两口。

精神生活，离不开书。

我们这个国家多灾多难，曾经有很长一段时间，老百姓每天除了吃，不想别的，因为多数时候，吃不饱。那年月，孩子进学校读书，除了课本，家长没钱，也不认为有需要给孩子买点课外的书，甚至孩子看课外书，还会遭到责骂。在家长看来，那些东西没用，上个学，识几个字，会算个账也就行了。在那个时代，众多平民百姓养孩子，跟养猪喂鸡没有多少区别。

后来的中国人，开始有点闲钱了，一对夫妻一个孩儿，宝贝多了，除了把孩子喂得营养过剩之外，也操心孩子的教育。即便如此，过去的思想境界依然左右着他们，家长们宁肯花大价钱，逼着孩子满世界进补习班，学钢琴，学奥数，学英语，学画画，学书法，学围棋，学一切听说可以提高素质的玩意儿，但就是没时间让孩子老老实实坐下来看本书。跟过去一样，众多的家长认为，课外书没用，耽误孩子学习。

就这样，在课本强化和补习班也强化的双重压力下长起来的一代又一代独生子女，有一半还没进大学，先折了，什么也考不上，除了打游戏，什

么兴趣都没有;另一半考上的,进了大学不少人也开始放羊,加上大学这些年质量也在下降,因此,即便太太平平毕了业,进入社会,感觉身无长技、无所适从者至少要占一半以上。

这是一个没有人看书的时代。据有关部门统计,我们国家每年的出版物,教材要占到60%以上,剩下不足40%的出版物。还要扣除10%左右的教辅读物,也就是说,中国的书,绝大多数都是强迫阅读的,真正属于读者出于自己需求而主动阅读的书,不到整个出版量的20%,跟发达国家相比,正好倒过来。

现在国人最喜欢说的一个词,就是"素质",但恰恰国人的素质,不敢恭维,一代代越来越不喜欢读书的后辈,素质更是每况愈下。

课本,给不了人素质,课外补习,也给不了人素质,素质的养成,要靠书,课外书。人生在世,不是活在真空里,什么事儿都可能碰上,要学会跟人打交道,更要学会跟自己打交道。如何待人处事,如何交友待客,如何跟人沟通、开展讨论,如何说服别人;进而如何开阔心胸、拓展视野、修炼心性、磨炼意志、增强自信,尤其是如何面对挫折和困境,保持自己良好的心态;再进一步,如何看待友谊,看待背叛,如何面对恋情,如何面对失败,如何面对财富,以及失去的财富,这一切的一切,都需要学,但是课本教不了你。课本里,有知识,有技能,但唯独难以陶冶你的性情,锻造你的心性。素质是一种软实力,一种可以凭借知识和技能无限放大的能量;如果一个人只有专业知识和技能,而缺乏相应的软实力,就像一台电脑,尽管性能良好,但缺乏必要的软件,也一样等于废物。

本人从教30多年,教过的学生不计其数,但从来没有见过哪怕一个不爱读书的学生日后有出息的。人的所有,差不多都是学来的,家庭可以教你,社会也可以教你,但一个有出息的人从中获益最多的,还是书本。从这个意义上说,学会了读书,就有了一切。吃饭是为了活着,但活着不能为了吃饭。一个人想要活得好,活得有滋有味,那么,就得把书当粮食来看。孔子闻韶乐,三月不知肉味,对于一个读书人来说,书就是韶乐,只有肉,没有书,肉也不香。不能说这样的人都有出息,但至少,这样的人才可能有点出息。

现在,许多家长都希望把自己的孩子培养成贵族。当然,我想这些家长们,不是想让自己的孩子住进欧洲的城堡,天天穿着燕尾服,只是希望孩子能有贵族的气质和教养。欧洲太远了，中国自宋代以后就没了贵族，但自古就有书香门第。一个家族，只要几代都有读书人，家藏有几柜子的书，就是读书人家，缙绅人家，这样的人家，教养、品位、知书达礼，所有的一切，不是血统的遗传，而是从世代的书香里来的。

读书要读好书，读能跟那些绝代的成功者、大师们对话的书。世界上存在过那么多杰出人士，他们的成功为世人仰慕，各有各的理由，个中道理，在他们的文章中有，但要靠仔细读了之后自己悟。没有机会追随大师的左右，经大师亲授，但只要读他们的文字，也可以升堂入室。众多的成功者、大师汇聚起来，变成一本不厚的书，摆在我们的眼前，《"读·品·悟"青少年受益一生的励志书系》就是这样的一套好书。古人云：开卷有益。

张　鸣

6月6日 于北京

张鸣　1957年生，浙江上虞人，中国人民大学政治学系教授、博士生导师。有《武夫当权——军阀集团的游戏规则》、《乡土心路八十年——中国近代化过程中农民意识的变迁》、《再说戊戌变法》、《乡村社会权力和文化结构的变迁（1903-1953）》、《近代史上的鸡零狗碎》、《大历史的边角料》多部学术著作出版；另有《直截了当的独白》、《关于两脚羊的故事》、《历史的坏脾气》、《历史的底稿》、《历史空白处》等历史文化随笔陆续问世，引起巨大反响，其中《历史的坏脾气》荣登近几年畅销书排行榜。

序

第一辑　比做学问更重要的是做人

　　有位妇女，透过窗户看到对面院里晾的衣服，发现衣物上有些暗黄的污点，暗自嘲笑，后来发现天天如此。难道人家的衣服从来没洗干净过？她狐疑地凑近窗户，才发现自己家的窗户上有块暗斑，不禁十分羞惭，赶紧擦洗玻璃，大做清洁。

　　内省就是善于反观自己，不是一味怨天尤人。多用内省这面镜子照出自己的不足之处。

第二辑　快乐藏在自己的内心

　　在高速行驶的火车上，一位老人不小心从窗口掉了一只鞋，他立即把另一只也从窗口扔了下去。这个举动让周围的人大吃一惊。老人解释说："这一只鞋无论多么昂贵，对我

而言已经没有用了,如果谁能捡到一双鞋子,说不定他还能穿呢!"

改变生活质量的最佳方式,就是改变对生活的看法。你永远不知道明天会发生什么,但你可以用乐观积极之心等待。用你对生活的热情,把阴霾的早晨变成美好的黎明,在乌云密布的日子里创造出灿烂的阳光。

第三辑 诚信是选拔人才的第一标准

有一次,曾子的妻子要去赶集,孩子哭闹着也要去。妻子哄孩子说,你不要去了,我回来杀猪给你吃。她赶集回来后,看见曾子真要杀猪,连忙上前阻止。曾子说,我们大人说话不算话,以后有什么资格教育孩子呢?说着,就把猪杀了。

培根说:"诚实守信为人处世的第一原则。"不管身在何处,涉世未深还是经历世事变迁,只有诚实守信才能守住心灵的契约,赢得做人的尊严,而最终成就一番大业。

第四辑　活出真性情

哲学家周国平曾感叹："此生此世，当不当思想家或散文家，写不写得出漂亮文章，真是不重要。我唯愿保持住一份生命的本色，一份能够安静聆听别的生命也使别的生命愿意安静聆听的纯真，此中的快乐远非浮华功名可比。"

做人不能没有底线。没有了做人的底线，也就没有了衡量对与错的尺度。守住心灵的洁净和情操的至上，堂堂正正做人，才能把自己的精湛和完美永远展示给世人。

第五辑　要懂得尊重别人

　　著名学者及人道主义者史怀哲先生的几位朋友曾经为他举办了一个生日宴会,参加宴会的都是具有相当影响力的人物。史怀哲先生除了亲自为在座的每一位客人端上了一份蛋糕,还把其中一块蛋糕递给身旁的女服务员,真诚地对她说道:"这一份是给你的,美丽的姑娘。感谢你一晚上周到而优雅的服务!"

　　"尊重"绝不仅是社交场合的礼貌,而是来自于人心深处对另一个生命深切的理解、关爱、体谅与敬重,这样的尊重绝不含有任何功利的色彩,也不受任何身份地位的影响,这样的尊重是真正的尊重。

第一辑
比做学问更重要的是做人

　　有位妇女,透过窗户看到对面院里晾的衣服,发现衣物上有些暗黄的污点,暗自嘲笑,后来发现天天如此。难道人家的衣服从来没洗干净过?她狐疑地凑近窗户,才发现自己家的窗户上有块暗斑,不禁十分羞惭,赶紧擦洗玻璃,大做清洁。

　　内省就是善于反观自己,不是一味怨天尤人。多用内省这面镜子照出自己的不足之处。

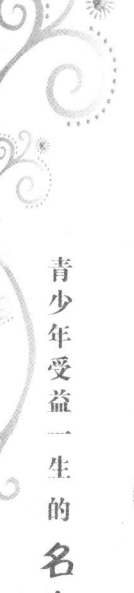

心灵的花园

□梁晓声

梁晓声 1949 年生于哈尔滨,山东荣成人。当代著名作家。著有短篇小说集《天若有情》、《白桦树皮灯罩》、《死神》,中篇小说集《人间烟火》,长篇小说《一个红卫兵的自白》、《雪城》、《伊人,伊人》、《欲说》等。短篇小说《这是一片神奇的土地》、《父亲》和中篇小说《今夜有暴风雪》分获全国优秀短、中篇小说奖。

谁不希望拥有一个小小花园?哪怕是一丈之地呢!若有,当代人定会以木栅围起。那木栅,我想也定会以各人的条件和意愿,摆弄得尽可能的美观。然后在春季撒下花种,或者移栽花秧。于是,企盼着自己喜爱的花儿,日日地生长、吐蕾,在夏季里散紫翻红开成一片。虽在秋季里凋零却并不忧伤。仔细收下了花籽儿,待来年再种,相信花儿能开得更美……

真的,谁不曾怀有这样的梦想呢?

都市寸土千金,地价炒得越来越高,今后将更高。拥有一个小小花园的希望,对寻常之辈不啻是一种奢望,一种梦想。

我想,其实谁都有一个小小花园,谁都是有苗圃之地的,这便是我们的内心世界。人的智力需要开发,人的内心世界也是需要开发的。人和动物的区别,除了众所周知的诸多方面,恐怕还在于人有内心世界。心不过是人的一个重要脏器,而内心世界是一种景观,它是由外部世界不断地作用于内心渐渐形成的。每个人都无比关注自己及至亲至爱之人心脏的健康,以至于稍有微疾便惶惶不可终日。但并非每个人都关注自己及至亲至爱之人的内心世界的阴晴,己所无视,遑论他人?

我常"侍弄"我心灵的苗圃。身已不健,心倘尤秽,又岂能活得好?职业的缘故,使我惯对自己和他人的心灵予以研究。结论是——心灵,亦即我所言内心世界,是与人的身体健康同样重要的。故保健专家和学者们开口必言的一句话,不仅仅是"身体健康",还包括"身心健康"。

我爱我的儿子梁爽。他上小学五年级,这正是一个人的内心世界开始形成的时期。我也常教他学会如何"侍弄"他那小小心灵的苗圃。"侍弄"这个词,用在此处是很勉强的,不那么贴切,姑且用之吧!意思无非是——人自己的内心世界如果自己惰于拂拭,是会浮尘厚积、杂草丛生的。也许有人联系到禅家的一桩"公案"——"时时勤拂拭,莫使惹尘埃"之说的"俗",和"本来无一物,何处惹尘埃"之说的"彻悟"。

我系俗人,仅能以俗人的观念和方式教子。至于禅家乃至禅祖们的某些玄言,我一向是抱大不恭的轻慢态度的。认为除了诡辩技巧的机智,没什么真的"深奥"。现代人中,我不曾结识过一个内心完全"虚空"的。满口"虚空",实际上内心物欲充盈、名利不忘的,倒是大有人在。故我对儿子首先的教诲是——人的内心世界,或言人的心灵,大概是最容易招惹尘埃、沾染污垢的,"时时勤拂拭"也无济于事。心灵的清洁卫生只能是相对的,好比人的居处的清洁卫生只能是相对的。而根本不拂拭,甚至不高兴别人指出尘埃和污垢,则是大不可取的态度,好比病人讳疾忌医。

一次儿子放学回到家里,进屋就说:"爸爸,今天××同学的红领巾被老师收去了!"

我问为什么。

儿子问答:"犯错误了呗!把老师气坏了!"

那同学是他好朋友,但却有些日子不到家里来玩了。我依稀记得他讲过,似乎老师要在他们两者之间选拔一名班干部。

我又问:"你高兴?"

他怔怔地瞪着我。

我将他召至跟前,推心置腹地问:"跟爸爸说实话,你是不是因此而高兴?"

他便诚实地回答:"有点儿。"

我说:"你学过一个词,叫'幸灾乐祸',你能正确解释这个词吗?"

他说:"别人遭到灾祸时自己心里高兴。"

我说:"对。当然,红领巾被老师收去了,还算不得什么灾。但是,你心里已有了这种'幸灾乐祸'的根苗,那么你哪一天听说他生病了,住院了,甚至生命有危险了,说不定你内心里也会暗暗地高兴。"

儿子的目光告诉我,他不相信自己会那样。

我又说:"为什么他的红领巾被老师收去了你会高兴呢?让爸爸替你分析分析,你想一想对不对——如果你们老师并不打算在你们俩之间选拔一名班干部,你倒未必幸灾乐祸。如果你心里清楚,老师最终选拔的肯定是你,你也未必幸灾乐祸。你之所以幸灾乐祸,是因为自己感到,他和你被选拔的可能性是相等的,甚至他被选拔的可能性更大些。于是你才因为他犯了错误,惹老师生气而高兴。你觉得,这么一来,他被选拔的可能性缩小,你自己被选拔的可能性就增大了。你内心这种幸灾乐祸的想法,完全是由嫉妒产生的。你看,嫉妒心理多丑恶呀,它竟使人对朋友也幸灾乐祸!"

儿子低下了头。

我接着说:"如果他并没犯错误,而老师最终选拔他当了班干部,你现在的幸灾乐祸,就可能变成一种内心里的愤恨了。那就叫嫉妒的愤恨。人心里一旦怀有这种嫉妒的愤恨,就会进一步干出不计后果、危害别人危害社会的事,最后就只有自食恶果。一切怀有嫉妒的愤恨的人,最终只有那样一个下场……"

接着我给他讲了两件事——有两个女孩儿,她们原本是好朋友,又都是从小学芭蕾的。一次,老师要从她们两人中间选一个主角。其中一个认为肯定是自己,应该是自己,可老师偏偏选了另一个。于是,她就在演出的头一天晚上,将她好朋友的舞裙,剪成了碎片。另外有两个女孩儿,是一对小杂技演员。一个是"尖子",也就是被托举起来的;另一个是"底座",也就是将对方托举起来的。她们的演出几乎场场获得热烈的掌声,可那个"底座"不知为什么,内心怀上了嫉妒,总是莫名其妙地觉得,掌声是为"尖子"一个人鼓的。她觉得不公平。日复一日,那一种暗暗的嫉妒,就变成了嫉妒的愤恨。她总是盼望着她的"尖子"出点儿什么不幸才好。终于有一天,她故意失手,制造了一场不幸,使她的"尖子"在演出时当场摔成重伤……

最后我对儿子讲,如果那两个因嫉妒而做伤害别人之事的女孩儿,不是小孩儿是大人,那么她们的行为就是犯罪行为了……

儿子问:"大人也嫉妒吗?"

我说大人尤其嫉妒,一旦嫉妒起来尤其厉害,甚至会因嫉妒杀人放火。也有因嫉妒太久,又没机会对被嫉妒的人下手而自杀的……

我说,凡那样的大人,皆因从小的时候开始,就让嫉妒这粒种子,在心灵里深深扎了根。他们的内心世界,不是花园,不是苗圃,而是荆棘密布的乱石岗……

儿子问:"爸爸你也嫉妒过吗?"

我说我当然也嫉妒过,直到现在还时常嫉妒那些比自己幸运或某方面比自己优越比自己强的人。我说人嫉妒人是没有办法的事。从伟大的人到普通的人,都有嫉妒之心,没产生过嫉妒心的人是根本没有的。

儿子问:"那怎么办呢?"

我说,第一,要明白嫉妒是丑恶的,是邪恶的。嫉妒和羡慕还不一样。羡慕一般不产生危害性,而嫉妒是对他人和社会具有危害性和危险性的。第二,要明白,不可能一切好事、好的机会,都会理所当然地降临在你自己头上。当降临在别人头上时,你应对自己说,我的机会和幸运可能在下一次。而且,有些事情并不重要。比如对于一个小学生来说,当上当不上班干部,并不能说明什么。好好学习,才是首要的……

儿子虽然只有11岁,但我经常同他谈心灵。不是什么谈心,而是谈心灵问题。谈嫉妒,谈仇恨,谈自卑,谈虚荣,谈善良,谈友情,谈正直,谈宽容……

不要以为那都是些大人们的话题。11岁的孩子能懂这些方面的道理了,该懂了。而且,就我儿子而言,我认为,他也很希望懂。我认为,这一切和人的内心世界有关的现象,将来也必和一个人的幸福与否有关。我愿我的儿子将来幸福,所以我提前告诉他这些……

邻居们都很喜欢我的儿子,认为他是个"懂事"的好孩子。同学们跟他也都很友好,觉得和他在一起高兴、愉快。

我因此而高兴而愉快。

我知道,一个心灵的小花园,"侍弄"得开始美好起来了……

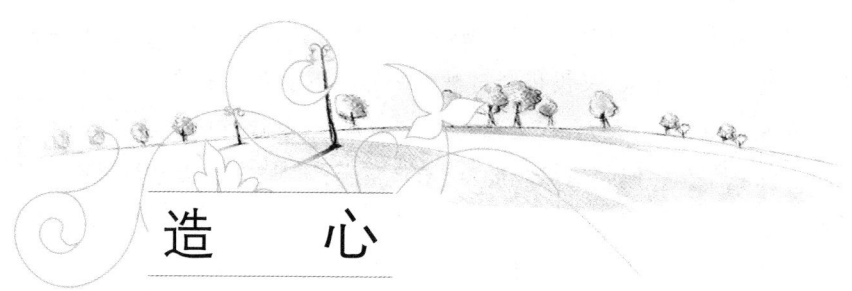

造　心

□毕淑敏

毕淑敏　女,1952年生于新疆,祖籍山东。当代著名作家。曾在西藏当兵11年。从事医学工作20年后,开始专业创作。主要作品有长篇小说《红处方》、《血玲珑》、《拯救乳房》、《女心理师》等。曾获《小说月报》第4、5、6届百花奖及当代文学奖、昆仑文学奖、台湾第16届中国时报文学奖等各种文学奖项30余次。

蜜蜂会造蜂巢。蚂蚁会造蚁穴。人会造房屋、机器,造美丽的艺术品和动听的歌。但是,对于我们最重要最宝贵的东西——自己的心,谁是它的建造者?

孔雀绚丽的羽毛,是大自然物竞天择造出的;白杨笔直刺向碧宇,是密集的群体和高远的阳光造出的;清香的花草和缤纷的落英,是植物吸引异性繁衍后代的本能造出的;卓尔不群坚忍顽强的性格,是禀赋的优异和生活的历练造出的。

我们的心，是长久地不知不觉地以自己的双手，塑造而成的。

造心先得有材料。有的心是用钢铁造的，沉黑无比；有的心是用冰雪造的，高洁酷寒；有的心是用丝绸造的，柔滑飘逸；有的心是用玻璃造的，晶莹脆薄；有的心是用竹子造的，锋利多刺；有的心是用木头造的，安稳麻木；有的心是用红土造的，粗糙朴素；有的心是用黄连造的，苦楚不堪；有的心是用垃圾造的，面目可憎；有的心是用谎言造的，百孔千疮；有的心是用尸骸造的，腐恶熏天；有的心是用眼镜蛇唾液造的，剧毒凶残。

造心要有手艺。一只灵巧的心，缝制得如同金丝荷包。一罐古朴的心，淳厚得好似百年老酒。一枚机敏的心，感应快捷电光石火。一颗潦草的心，门可罗雀疏可走马。一摊胡乱堆就的心，乏善可陈杂乱无章。一片编织荆棘的心，暗设机关处处陷阱。一道半是细腻半是马虎的心，好似白蚁蛀咬的断堤。一朵绣花枕头内里虚空的心，是假冒伪劣心界的水货。

造心需要时间。少则一分一秒，多则一世一生。片刻而成的大智大勇之心，未必就不玲珑。久拖不绝的谨小慎微之心，未必就很精致。有的人，小小年纪，就竣工一颗完整坚实之心。有的人，须发皆白，还在心的地基挖土打桩。有的人，半途而废不了了之，把半成品的心扔在荒野。有的人，成百里半九十，丢下不曾结尾的工程。有的人，精雕细刻一辈子，临终还在打磨心的剔透。有的人，粗制滥造一辈子，人未远行，心已灶冷坑灰。

心的边疆，可以造得很大很大。像延展性最好的金箔，铺设整个宇宙，把日月包涵。没有一片乌云，可以覆盖心灵辽阔的疆域。没有哪次地震火山，可以彻底颠覆心灵的宏伟建筑。没有任何风暴，可以冻结心灵深处喷涌的温泉。没有某种天灾人祸，可以在秋天，让心的田野颗粒无收。

心的规模，也可能缩得很小很小，只能容纳一个家，一个人，一粒芝麻，一滴病毒。一丝雨，就把它淹没了。一缕风，就把它粉碎了。一句谎言，就让它痛不欲生。一个阴谋，就置它万劫不复。

心可以很硬，超过人世间已知的任何一款金属。心可以很软，如泣如诉如绢如帛。心可以很韧，千百次的折损委屈，依旧平整如初，心可以很脆，一个不小心，顿时香消玉碎。

造心的时候,可以有很多讲究和设计。

比如预埋下一处心灵的生长点,像一株植物,具有自动修复、自我养护的神奇功能。心受了创伤,它会挺身而出,引导心的休养生息,在最短的时间内,使心整旧如新。

比如高高竖起心灵的避雷针,以便在危急时刻,将毁灭性的灾难导入地下,耐心等待雨过天晴。

比如添加防震防爆的性能,在心灵遭受短时间高强度的残酷打击下,举重若轻,镇定地维持蓬勃稳定。

比如……

优等的心,不必华丽,但必须坚固。因为人生有太多的压榨和当头一击,会与独行的心灵,在暗夜狭路相逢。如果没有精心的特别设计,简陋的心,很易横遭伤害一蹶不振,也许从此破罐破摔,再无生机。没有自我康复本领的心灵,是不设防的大门。一汪小伤,便漏尽全身膏血。一星火药,便烧毁绵延的城堡。

心为血之海,那里汇聚着每个人的品格智慧精力情操,心的质量就是人的质量。有一颗仁慈之心,会爱世界爱人爱生活,爱自身也爱大家。有一颗自强之心,会勤学苦练百折不挠,宠辱不惊大智若愚。有一颗尊严之心,会珍惜自然善待万物。有一颗流量充沛羽翼丰满的心,会乘上幻想的航天飞机,抚摸月亮的肩膀。

造心是一项艰难漫长的工程,工期也许耗时一生。通常是母亲的手,在最初心灵的模型上,留下永不消退的指纹。所以普天下为人父母者,要珍视这一份特别庄重的义务与责任。

当以我手塑我心的时候,一定要找好样板,郑重设计,万不可草率行事。造心当然免不了失败,也很可能会推倒重来。不必气馁,但也不可过于大意。因为心灵的本质,是一种缓慢而精细的物体,太多的揉搓,会破坏它的灵性与感动。

造好的心,如同造好的船。当它下水远航时,蓝天在头上飘荡,海鸥在前面飞翔,那是一个神圣的时刻。会有台风,会有巨涛。但一颗美好的心,即使巨轮沉没,它的颗粒也会在海浪中,无畏而快乐地燃烧。

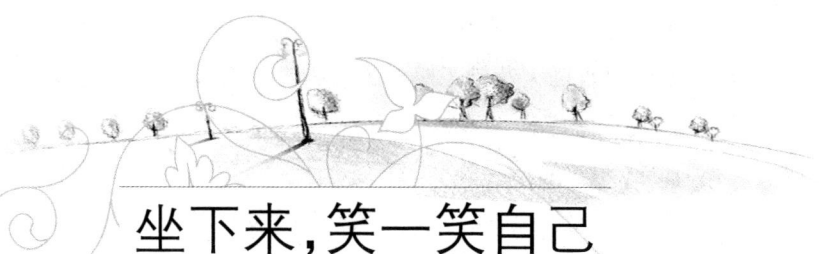

坐下来，笑一笑自己

□刘心武

刘心武　1942 年生，四川成都人。当代著名作家。1977 年发表短篇小说《班主任》，被视为"伤痕文学"的代表作。长篇小说《钟鼓楼》获第二届茅盾文学奖。2005 年出版《刘心武揭秘〈红楼梦〉》，引发国内新一轮《红楼梦》热潮。

岁月匆匆，又是一年将尽。

年轻的朋友，你有何感想？

一位年轻的朋友说，他没有感想并且不打算感不打算想。其实他是不敢想。不敢坐下来细想想青春的岁月是多么珍贵，不敢哪怕是粗略地计算一下已将结束的一年里的得失，不敢哪怕是囫囵地筹划一下即将到来的一年里的进退。为什么不敢？其实在他心灵的深处，也恰恰是深刻地意识到青春易逝、岁月难返，他企图以不感不想的消极态度麻醉自己，且随波逐流地再过上一段再说。

对这位年轻的朋友，我竭诚地奉劝他还是要勇敢地面对流逝着推移着而且迎面驶来的岁月，在这年终岁尾，坐下来给自己算算账，洗洗尘，张望张望前程，筹划筹划来年。

另一位年轻的朋友则告诉我，她早已开始做一年的总结，并制订来年的计划。但她一向我报告那自我总结，便使我随之产生一种沉重感乃至沉

第一辑　比做学问更重要的是做人

闷感——那真是未免太严肃也太繁琐了。说实在的,如果扣上一顶"形式主义"的帽子,也并不过分。比如她检讨到自己在外语学习上的不刻苦,就非与奥运会上拿金牌的陆莉作比,列出了自己整整 10 条羞愧之处:年龄比陆莉大,个子比陆莉高,体重比陆莉重,学龄比陆莉长,而考试却不能得满分等等,这不是对自己太苛刻了吗?不仅为自己设置的标杆过高,其总结的方法,也未免弦儿绷得太紧,这样演奏自己的人生,是很容易弄得自己身心交瘁而毫无乐趣的。

我便介绍她一种较为洒脱的方法,便是年终岁尾时,无妨坐下来,静静地在心中笑一笑自己。

是的,笑一笑自己。

难得笑一笑自己。

笑一笑自己把多少光阴枉费到了无聊的事情上,比如为买到一只从画报上看到的女明星用的那种发夹,跑了多少百货公司和集贸市场……

笑一笑自己为了同单位的那位在自学考试中英语成绩比自己多了 7 分,便一连有 7 天对人家爱搭不理,任自己心中的妒火蓝焰飘荡……

笑一笑自己听到了上海亲戚炒股票发了财的消息,便一连好多天梦见自己也炒股票买了汽车洋房,其实自己到今天也还不知道股票究竟什么模样……

笑一笑自己头一回从事第二职业,那种仿佛偷了东西被千夫所指的狼狈惨相……

笑一笑自己那一天在地铁站口蓦地发现他竟和另一位青春女性并肩而行,言谈极欢,自己便愤然掉头而去,回家立即写出一封义正词严的绝交信,而后来他打电话到你家你誓死不接,却原来那天与他并肩而行的青春女性是他在外地工作的表妹,他不过是从火车站接了她再把她送往会议报到的处所而已……

笑一笑自己那一天在百货商场为买一瓶洗面奶和售货员的口角,那售货员固然服务态度不好,自己又何必出言不逊,致使一群人围观,难道自己在免费表演小品?

笑一笑自己借了一盘美国得奥斯卡金像奖的电影《沉默的羔羊》录像带看,明明被那里头的暴力和变态行为镜头弄得心里很恶心,并且真是没感觉到那朱迪·福斯特的演技有多么高超，可因为怕一起看带子的他和其他朋友们讥笑自己不懂行没眼力，便硬和他们一起哄然叫妙，以显示自己品味不俗……

笑一笑自己仅仅因为在电梯里跟总经理打招呼时对方脸上毫无笑容只淡淡地颔首，便整整两天疑神疑鬼，失却了应有的自信与自尊……

笑一笑自己一方面大抹苗条霜大做减肥操，却又一方面忍耐不住地大吃冰淇淋大嚼小甜饼……

……

就这样，在轻松潇洒的心境中，笑一笑自己，真诚地、毫无避讳地笑一笑自己，也许便无形中抖擞掉了心灵上的灰尘，领悟到了今后前行中应有的更佳路径，从而获得一种精神沐浴后的清爽，从而获得重上人生旅途的自信与勇气。

笑一笑自己，也便是我们常谈的自嘲。自嘲是一种高层次的幽默。自嘲是一种效果最佳的心理保健。自嘲是一种自信与自尊的体现。自嘲是一种智慧。自嘲是灵魂的升华。自嘲是人生的谐谑曲。自嘲是一种大欢喜。

也许会有年轻的朋友对我说，你所举出的那些"笑一笑"，于我实在都太轻飘了，我在生活中所遭遇的人与事，使我的心灵坠着沉重的负担，乃至划出了长长的流血的伤口，我实在笑不出来啊！

当然，各人境遇不同，而且各人性格也不同，也许确实处在一种悲剧性境遇中的人，以及一些性格天然沉郁的人，"坐下来，笑一笑自己"的心理自律方法很难适用也很难把握。不过依我想来，即便你的人生真是那么凄凉，你的性格真是那么阴沉，努力地让自己心灵上浮出一个哪怕是淡淡的微笑，也总是有百利而无一弊的啊！

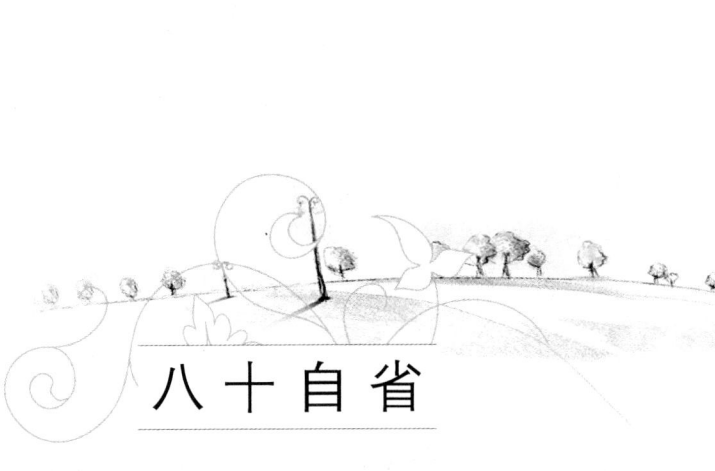

八十自省

□ 萧 乾

萧乾(1910~1999) 蒙古族,生于北京。著名作家、翻译家和记者。二战期间,萧乾以战地记者的身份驰骋欧洲战场,成为二战时期中国唯一的欧洲战地记者。一生著作颇丰,包括长篇小说《梦之谷》,短篇小说集《篱下集》,自传体《未带地图的旅人》,报告文学集《人生采访》,及翻译作品《好兵帅克》、《尤利西斯》等。

一晃儿竟然成为一个八旬老人了,连自己都觉得难以相信。现在再下农场或干校去干活,估计肩不再能挑,锄头也抢不动了。可是精神上,我并没有老迈感。上楼梯我不喜欢别人搀扶,早晨闹钟一响,我还是腾地就爬了起来。听力视力都未大衰退,脑子似乎和以前一样清楚:对身边和身外的一切随时随地都有反应;忽而缅怀如烟的往事,忽而冥想着未来。我有位老堂姐,她六十多岁就糊涂了,耳不再聪,眼不再明。我老是怕自己也会变得痴呆。谢天谢地,我还这么清醒着,但愿能清醒到最后一刻。

读外国文学时,我常留意他们对生命所作的比喻。有的比作浮在水上的一簇泡沫,有的比作从含苞到败谢的花。我大概还是受了"夫天地者万物之逆旅"的影响,总把生命看做一次旅行。有的旅客走的是平坦大道,有的则坎坷不平。回首这80年我所走过的路:童年和中年吃尽了苦头,然而青年和晚年，却还顺当。晚景更为重要，因为这时期胳膊腿都不灵了，受苦的本事差了。我庆幸自己能有一个安定舒适的晚年。现在回顾这段旅程，认识到我算不上是胜利者，然而我很幸运。

人入老境，由于生理上的衰微，节奏自然就放慢了。30岁以前，我喜欢蹦着走路。60岁以前，我上楼梯时还经常一步上两个台阶。如今，我不但一磴一磴地上，而且还手不离扶手。尤其遇上摸黑——我住的这幢楼，过道总是漆黑一团——我就更加抓紧那扶手，生怕一失足成千古恨。

这也代表一种心态：一生跟头栽够了，就怕再栽。因为知道这把年纪经不起了，万一栽了，休想再爬起来。

70年代末，老友巴金曾写信要我学得深沉些。另一老友则送我八个大字：居安思危，乐不忘忧。我觉得这十年是变得深沉了些，也踏实了些。历尽沧桑后，懂得了人的际遇随时可以起骤变。在阶级社会里，座上宾和阶下囚随时可以颠倒过来。因而一方面对事物不轻率发表意见（有时甚至在家务琐事上，洁若都嫌我吞吞吐吐，模棱两可），但另一方面，自己也不会为一时享受的殊荣而得意忘形。

1978年我曾发誓要跑好人生这最后一圈。如今，这一圈已跑了大半，离终点不会太远了。前年，重庆出版社要我就这十年的写作，编个选集。经过淘汰，竟然还剩下36万字。倘若加上回忆录《未带地图的旅人》（文联出版公司）那35万字，竟然又写了七八十万字。自己翻了一下：尽管一直铭记那些告诫，我对生活还是发了言，有的未必合口径。然而我居然能安然无恙至今，证明80年代的中国毕竟与五六十年代的还是有所不同。我庆幸自己在掌握分寸之余，还是坚持了言必由衷的原则，没写让自己事后脸红的什么。

这十年，生活水平是大大提高了。也许离死亡更近了，对有些——尤其物质方面，我看得淡了。期间龙应台女士来访，见到我的洗澡间，事后告诉朋友，说她在北京期间最难过的那一件事是我不得不在这样的条件下度晚年。她走前又来告别，我便向她解释说，我目前的生活水平在知识分子中间是中等偏上的。领导曾再三表示要进一步为我提高，但我不想让自己的生活水平脱离国情。有些人尽量住得宽是为了留给子女和孙辈。至于我的子女，在他们幼小时，我尽到了心，长大了，他们应自己闯去。我是一

个人闯出来的。

人之一生，要过许多关，其中之一是子女关。我看到不少人自己廉洁正派，可轮到为子女奔职业，奔这奔那时，就什么也不顾了。

尽管1957年后我们的处境很恶劣，我和洁若还是不遗余力地培育了孩子。尤其那困难的三年（1959~1961），对高级知识分子补贴的营养品我们都轮不上，洁若就把每月配给来的有限的一点糖和油都尽量留给孩子吃，我也当然配合。"文革"期间，当周围的红色海洋几乎把我们淹没，除了那本小红书什么也不许看时，我仍督促他们画中外历史纪年表和世界地图，启发他们对大小环境的认识。工资降了好几级，仅够糊口了，我们还是省吃俭用，为他们买钢琴，买画箱、颜料和画板，带他们去音乐会听贝多芬，去公园写生。

当然，我们也感激他们。当我的右派身份在孩子面前暴露无遗，他们眼看着我挂了黑牌跪在自家院中挨斗时，他们非但没像旁人家的一些子女那样为了表示自己立场坚定，揭发、唾骂甚至殴打、背弃我们，而是个个都分担了我们的屈辱，骨肉之情始终也没割断过。如今，我高兴他们都是要强的孩子，各自走上人生的征途，没有依赖的思想。

我一生在爱情方面，经历也是曲折的。18岁在汕头教书时爱上一位大眼睛的潮州姑娘。当时她和我一样赤贫，我们并肩坐在山坡上，望着进出海港的远洋轮，做过一道去南洋漂泊的梦。这姻缘终于被曾经资助过她上学的一位大老财破坏了。29岁上，我又在九龙遇上一位女钢琴家，一见钟情。当时，我已同小树叶在一起了。斩不断，理还乱，我只好只身赴欧洲了事。1944年巴黎解放后，我才晓得小树叶和女钢琴家均已各自同旁人结婚，并有了娃娃。我跌入感情的真空。1946年又在江湾筑起一个小而舒适的家。然而这个家很快就被一个歹人拆散了。那是我中年所遭受的一次最沉重的打击。

在这方面，我总归是幸运的，因为我最后找到了洁若——我的索尔维格。索尔维格，易卜生的诗剧《培尔·金特》中的一个人物，她对培尔·金特忠贞不渝。结缡(lí)三年，我就背上了右派黑锅。倘若她那时舍我而去，也是人之常情，无可厚非。但是她"反了常"，使得我在凌辱之下有了继续活下去的勇气。我在《终身大事》那十篇小文中，曾总结过自己的恋爱观。我觉得在政治斗争中，更可炼出真情。共福共荣容易，共患难共屈辱方可见到人与人之间感情的可贵。

把人生看做一次采访这一观点，在某种程度上能帮助人随遇而安。我认为这是生存本领的基本功。

有人以为1957年我被迫放下笔杆，发配到农场，赤着足在田里插秧拔草的期间，一定苦不堪言。其实，我大部分时间还是笑嘻嘻地活过来的。要了解人生，不能老待在上层，处处占着上风。作为采访人生的记者，酸甜苦辣都应尝尝。住在"门洞"的那六年，每晨我都得去排胡同里的公厕，风雨无阻。那些年月，我并未怀念抽水马桶的清洁便当。那公厕是一溜儿五个茅坑。我的左右不是蹬三轮的，看自行车的，就是瓦匠木工，还有北京飞机场的一位机械工。蹲在那儿听他们聊起来可热闹啦，有家长里短，有工作上的苦恼，有时也对"文革"发发议论——其中有些还十分精辟。周作人译过日本江户时代作家式亭三马的代表作《浮世澡堂》、《浮世理发馆》，作者通过出入于江户（东京旧称）一家澡堂和一座理发馆的男男女女的对话，反映了世态；我呢，那几年是把上公厕当做了一种社会考察的场地。

年轻时，有些朋友认为只有从军才能救国，于是投了黄埔。我老早就知道自己不是个军人的材料。在辅仁大学读书时，每逢参加军训，我站队总也站不齐，开步走时，常分不清左右。1932年，一位西班牙朋友从《辅仁杂志》上看到我英译的《王昭君》，就和我通上信，后来他提议同我搞点商业。他寄给我一批刮脸刀，要我给他寄去几副宫灯。他那里赚了钱，可我的刀片却统统送掉了。我知道自己也不是经商的材料。1934年傅作义将军听说我是蒙古族，又有体验草原生活的愿望，就邀我去内蒙古当个小官，而且当官之前还得先加入国民党。这下可把我吓坏了，就赶紧进了无党派的《大公报》。同样，1947年南京的中央政府通过《大公报》胡霖社长邀我去伦敦，接替叶公超任文化专员，我也是死命不干。幸好，胡老板那时也不肯放。

在色彩当中，我更喜欢素淡，讨厌大红大绿。在政治运动中，我倾向于站得远一些。我诅咒"文革"，不仅由于他们打砸抢杀，我也厌恶他们用的语言。对不顺眼的，动不动就"炮轰"、"油煎"、"千刀万剐"；对拥护的，一个"万岁"还不够，要喊"万万岁"。我一直想从文字及逻辑上分析一下所谓

"'文革'语言"。然而革命家要的就是旗帜鲜明。我能理解革命小将那时的激情,1925年北平学生抗议英国巡捕在上海南京路上枪杀中国工人和学生时,我何尝不也那么激烈过。可是经过这几十年对人世的体验,我对人对事宁愿冷静地分析,而不喜欢贸然下结论。像这样强调冷静客观,注定了我不是个革命家的材料。

就是在文学上,我对自己的才具也还有点自知之明。30年代一直想写写长篇。1938年《梦之谷》脱稿之后,我就发誓不再写长篇了。我自知在一块小天地里还能用心经营,却驾驭不了大场面。但我总尽力把自己的职业文字写好。我高兴1935年踏访鲁西水灾时写的《流民图》至今也有人看,有的还被选入教科书。15年间(1935~1950)在《大公报》上发表的大量通讯特写,尽管不少是在鸡毛小店的油灯下或大军行进中赶出来的,但我都灌注了自己的心血。

我平素喜读讽刺小说。1946年至1948年在上海时,试写过一些。1949年以后,我翻译了讽刺小说《好兵帅克》、《大伟人江奈生·魏尔德传》以及加拿大里柯克的一些小品。但每当我手痒想自己写写时,我总立刻把它管住。然而至今我仍认为一个没有讽刺文学的社会,犹如一位闺秀手里没有一面镜子。那样,尽管她的脂粉可以抹得老厚,却看不到鼻间耳际的污垢。

写讽刺文学经常要冒为新社会抹黑的危险,正如寓言难免有影射的嫌疑。我原希望自己的一个孩子学地质勘探,但他还是选上了文学。我说,非要搞文学不可,就搞古典文学。

我很尊崇诗歌,认为那是文学的精髓。然而我很早就发现自己缺乏诗才。我喜欢读诗,但平生没写过一行。我认为诗应比小说散文更高深洗练,更有余味,绝不是分了行就成为诗。从一开始写作我就告诫自己:要使自己的抒情文字多些诗味,可千万不要用分行来冒充诗。

我曾对西方的现代派文学下过点傻工夫,但有些极端,依我看是死胡同。我是30年代在文学研究会的影响下开始写作的。在文学上,我是个保守派,但我希望永不做顽固派。我不赞成设禁区,主张允许一切新的探索。

我最引以为自豪的,就是自从走上创作道路,我就彻底否定了自己有什么天才,懂得一切都只能靠呕心沥血,凭着孜孜不倦的努力。

我经历过十分恶劣的社会环境,但 1935 年走入社会后,尚懂得洁身自好。单身汉时,宿舍里颇有些吃喝嫖赌的风气。当时我们四个大学毕业生却抱做一团,业余只踢踢足球,沿着马场道散散步。麻将我不会打——1939 年在赴英的轮船上,一位热心的法国乘客怎么教也没把我教会。

当然,我也有不少癖好。自 1942 年起,我就迷上了西洋古典音乐。"文革"浩劫中,最伤心的是我从国外辛辛苦苦搜集来的数百张唱片被一股脑儿抄走。现在,我的枕畔、书桌前、饭桌旁,均放着收录机。我也有几盘欧洲歌剧的录像带。闲时还敲敲洁若三年前从东京给我带回来的电子琴。

说起这些癖好,我不能不感谢 1978 年以来这里所发生的巨变。"文革"十年中,听外国音乐就是洋奴,养花草就是修正主义,打太极拳更是活命哲学。当然,1978 年的巨变还远远不仅在准许养花听音乐上。对我来说,尽管失去的年华找不回来了,我却恢复了人的尊严,重新获得了艺术生命。同时,30 年来被当做毒草踩在脚下的全部作品,都重见天日。对一个搞了一辈子文字工作的人来说,这确实是一次翻身解放。在这方面,我可以说是塞翁失马。倘若我没从 1949 年就被打入冷宫,而也成了红人,想必也会奉命写下不少捧这个批那个、歌颂三面红旗等使自己今天看了都脸红的货色。在这方面,我是幸运的。

常有人用假定的语气问我:平生有什么可悔恨的。我这人太讲实际,一向认为悔恨是一种徒然的——甚至是没出息的情绪。人生就是在白纸上写黑字。若用铅笔写,还可以擦掉,然而不可能老用铅笔写,而且那样的人生也太乏味了。总有些场合非用毛笔写不可。一经写下,就再也擦不掉,拙劣地糊上一层纸,痕迹也依然留在那里。有些人喜欢往上糊纸,左一层右一层地糊。我不。因此,我对于一生在十字路口上所作的选择,从不反悔。

青少年时,我也有过"大同世界"的理想,仿佛一旦把地球上一切反动阶级、反动势力都打倒之后,一个人人丰衣足食、个个自由平等的乌托邦就将出现在地平线上。从此,地球就变成了乐园。那时也曾以为地球尽头有像佛教的极乐世界那样的一座乐园。那里再也没有剥削与压迫,煎熬与流血;人人都无忧无虑,自由平等。

人到老年,幻梦少了,理想主义的色彩淡了。然而我仍坚决相信这个

世界总的趋向是会前进,不会倒退。它前进的路程是曲折的,有时或局部上还会倒退。但整个人类历史向我们表明,社会总是从不合理走向合理,从少数独裁走向多数的民主。凡迫使世界倒退的,终必一败涂地。

我就是靠这一信念活下来的。

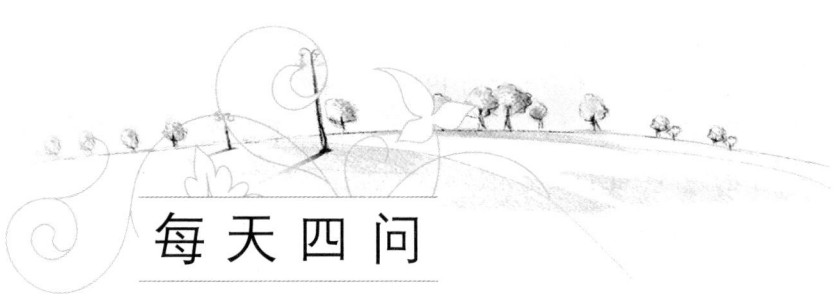

每天四问

□ 陶行知

陶行知(1891~1946)　安徽歙(shè)县人。著名教育家。1914年毕业于南京金陵大学,后赴美留学,研究教育。回国后,积极推动平民教育,重视乡村教育,受杜威的实用主义教育学说的影响,形成适合中国国情的"生活教育"思想体系。著有《陶行知全集》(六卷)等。他学识丰富,人格高尚,堪称中国近代教育史上的"一代巨人",是人民教师的楷模。

今天是本校建校三周年纪念,我有一些意见提出来和大家谈谈,作为先生同学和工友们的参考。

本校从去年的二周年纪念到今年的三周年纪念,能在这样艰难困苦中支持了一年,几乎是一个奇迹。这一个奇迹,不是一个人的力量所能够做得出来的,而是全体先生同学工友共同坚持、共同进步、共同创造,以及社会关心我们人士的尽力赞助所得来的。

本校在这一年中,好像是我们先生同学工友200人坐在一只船上,放

在嘉陵江中漂流，大的漏洞危险虽然没有，但是小的漏洞是出了一些，这些小漏洞也可以变成大漏洞，使我们的船沉没下去的！然而我们的船没有因为这些小漏洞沉没，竟因为我们这些同船的人，一见有小漏洞，即想尽方法用力去堵塞，有时用手去堵，有时用脚去堵，甚至有时用头用全身的力量去堵：终于把这只船上这些小漏洞堵塞住，而平稳地度过这一年，而达到了目的地，这是一个奇迹，一个共同努力，共同创造的奇迹。

"一切为纪念"，刚才主席说的这一个口号，当然提出的意义是有他的作用的，大家用力对着这一个目的来创造，是很好的。但是我对于这一个口号有点害怕，害怕费钱太多，害怕费力太多，以至筋疲力尽，恐怕得不偿失，所以我主张明年四周年纪念，要改变方针，我们的成绩，要从明天起，即开始筹备，日积月累，"水到渠成"的成绩。不要再在短期内来多费钱和多费力量，只要到了明年 7 月 1 日，开始把平日的成绩装潢一下，便有很丰富的成绩，再不像今年和去年这样忙了。大家也可以很从容很清闲而有余裕地过着四周年纪念。

现在我提出四个问题，叫做"每天四问"：

第一问：我的身体有没有进步？

第二问：我的学问有没有进步？

第三问：我的工作有没有进步？

第四问：我的道德有没有进步？

第一问："我的身体有没有进步？"

首先，我们每天应该要问的，是"自己的身体有没有进步？有，进步了多少？"为什么要这样问？因为"健康第一"。没有了身体，一切都完了！不禁使我想到了去年二周年纪念前 9 日邹秉权同学之死！与今年三周年纪念前 9 日魏国光同学之死！两人之死的日子是恰恰一周年，不过时间上相差八九个钟点罢了。因为这两位同学的死，使我联想到，我们必须继续建立"健康堡垒"。要建立健康堡垒，必须注意几点：(一)"科学的观察与诊断"。(二)"饮食的调节与改进"。(三)"预防疲劳的休息"。(四)"用卫生教育代替医生"……我们要以决心推进卫生教育的效力来代替医生，以保证健康的胜利。以卫生教育代替医生，在两月前，我已有信来学校，提出十几条具体事实来，希望照行，现在想来，还是不够，需要补充。待补充之后，提交校务会议商决进行。但

是今天在此先提出来告诉大家，希望大家多多准备意见，贡献意见。在建立"科学的健康堡垒"上多尽一份力量，便是在卫生教育施行上多一份力量，卫生教育胜利上多一份保证。大家都成为建立"科学的健康堡垒"的主要的成员之一，健将之一，共同来保证"健康第一"的胜利。

第二问："我的学问有没有进步？"

其次，我们每天应该问的，是"自己的学问有没有进步？有，进步了多少"，为什么要这样问？因为"学问是一切前进的活力的源泉"。学问怎样能够进步？重要在有方法研究。现在我想到有五个字，可以帮助我们学问易于进步。哪五个字呢？

第一个，是"一"字。一是"专一"的一。荀子说："好一则博。"这句话是很有精义的。因为有了一个专一的问题做中心，从事研究，便可旁搜广引，自然而然地广博起来了。我看世界名人学者对于治学的解释，尚少如此精约的，治学必须"专一"的"一"，这是天经地义的了。"专一"在英文为Concentration，我们对于一件事物能够专心一意地研究下去，必然能够有一旦豁然贯通之时。所以我希望有能力研究的先生和同学，必须择定一个题目从事研究，即使是一个很小的问题，也可以研究出很深刻很渊博的大道理来。于人于己都可得到切实的益处，而且可能有大的贡献。

第二个，是"集"字。集是"搜集"的集。集照篆字的写法，好像许多钩钩一样。我们研究学问有了中心题目，便要多多搜集材料，我们便像"集"的篆写一样，用许多钩钩到处去钩，上下古今，左右中外的钩，前前后后，四面八方地钩，钩集到一起来，好细细研究。集字在英文为Collection，我们有了丰富的材料，便可以原原本本地彻头彻尾地来研究它一个明明白白，才能够真正理解这个问题的症结所在，才能够"迎刃而解"，才能够临得"水到渠成"的效力，所以我希望大家对于每一个问题，都必须多多搜集材料，以便精深地精益求精地研究。在研究上发生力量，在研究上加强创造力量，集体创造，共同创造，在创造上建立起我们事业的新生命，树立起我们事业的新生机，稳定我们事业的新基础。

第三个，是"钻"字。钻是钻进去的钻，就是深入的意思，钻是要费很大的力量，才能够钻得进去深入到里面去，看得清清楚楚，取得了最宝贵的

宝贝。做学问虽不能像钻东西那么钻，但是能够用最好的方法，也可以很快钻进去。我在外国，参观一个金矿，他们开采的机器，是运用大气的压力来发生动力的。我见到他们开采的速度，是比现代所称的"电化"的电力，还不知要增加若干倍咧。我们做学问也是一样，如果我们能够在学术气氛中的大气压力下，发生动力去钻，一定能够深入到里面去，探获学问的根源奥妙与诀窍，而必有很好的收获。"钻"字在英文为 Penetration，所以我希望大家对于一个问题拿定了，便要尽力向里面钻，钻出一大套道理来，使我们学术气氛有着飞跃的进步。

第四个，是"剖"字。剖是"解剖"的剖，就是"分析"的意思。有些材料钻进去还不够，必须解剖出来看它的真伪，是有用的还是有毒素的？以便取舍，清化运用。"剖"字在英文为 Analyzation，所以我希望大家对于每一个问题搜集得来的材料，除了钻进深入之外，必须更加着意做一番解剖的工夫，分析入微，如同在解剖刀下，在显微镜下，看得明明白白，分析得清清楚楚，真的有用的没有毒素的就拿来运用；如果是假的有毒素的就舍去抛掉不用。如此，鉴别材料，慎选材料，自然适宜了。

第五个，是"韧"字。韧是坚韧，即是鲁迅先生所主张的"韧性战斗"的韧。做学问是一种长期的战斗工作，所以必须有韧性战斗的精神，才能够在长期战斗中，战胜许许多多的困难，化除种种障碍，开辟出一条新的道路，走入新的境界。"韧"字在英文中尚难找得一个适当的字来翻译，勉强可以译为 Toughness，所以我希望大家在做学问上，要用韧性战斗的精神，历久不衰地，始终不懈地，坚持下去，终可达到"柳暗花明又一村"的境界。

我想我们每一个人，能把"一"、"集"、"钻"、"剖"、"韧"五个字做到了，在做学问上一定有豁然贯通之日，于己于人于社会都有贡献。

第三问："我的工作有没有进步？"

再次，我们每天要问，是"自己担任的工作有没有进步？有，进步了多少"，为什么要这样问？因为工作的好坏影响我们的生活学习都是很大的。我对于工作也提出几点意见。以供大家参考。

第一点最要紧的，是要"站岗位"。各人所负的责任不同，各人有各人的岗位，各人应该站在各人自己的岗位上，守牢自己的岗位，在本岗位上

努力,把本岗位的职务做得好,这是尽责任的第一步。我最近在想,人人应该有"站岗位"的教育。站牢在自己的工作岗位上,教育自己知责任,明责任,负责任——教育着自己进步。

第二点最要紧的,是要"敏捷正确"。人们常说,做事要"敏捷",这是对的。但我觉得做事只是做到敏捷还不够,敏捷是敏捷了,因敏捷而做错了怎么办?所以敏捷之下必须加上"正确"二字,工作敏捷而正确才有效力。一件工作在别人做起来需要四小时,你只要二小时或三小时就做好了,而且做得很正确,这才算是工作的效力。工作怎样能够做得敏捷正确呢?这就要靠熟练与精细。粗心大意,是最易弄错弄坏事情的。做事要像做算术的演算草稿一样,要演得快演得正确。

第三点最要紧的,是要"做好为止"。有些人做事,有起头无煞尾,做东丢西,做西丢东,忙过不了,不是一事无成,就是半途而废。我们做事要按照计划,依限完成,就必须毅力坚持,一直到做好为止。

第四问:"我的道德有没有进步?"

最后,我们每天要问的,是"自己的道德有没有进步?有,进步了多少",为什么要这样问?因为道德是做人的根本。根本一坏,纵然你有一些学问和本领,也无甚用处。否则,没有道德的人,学问和本领愈大,就能为非作恶愈大,所以我在不久以前,就提出"人格防"来,要我们大家"建筑人格长城"。建筑人格长城的基础,就是道德。现在分"公德"和"私德"两方面来说。

先说"公德"。一个集体能不能稳固,是否可以兴盛起来?就要看每一个集体的组成分子,能不能顾到公德,卫护公德,来衡量它。如果一个集体的组成分子,人人以公德为前提,注意着每一个行动,则这一个集体,必然是日益稳固,日益兴盛起来。否则,多数人只顾个人私利,不顾集体利益,则这个集体的基础必然动摇,并且一定是要衰败下去!要不然,就只有把这些不顾公德的分子清除出这个集体;这个集体才有转向新生机的希望。所以我们在每一个行动上,都要问一问是否妨碍了公德?是否有助于公德?妨碍公德的,没有做的即打定决心不做,已经开始做的,立刻停止不做。若是有助于公德的,大家齐心全力来助他成功。

再说"私德"。私德不讲究的人,每每就是成为妨碍公德的人,所以一个人私德更是要紧，私德更是公德的根本，私德最重要的是"廉洁"。一切坏心术坏行为，都由不廉洁而起。所以我在讲"建筑人格长城"的时候，提到了杨震的"四知"，甘地的漏夜"还金"，华盛顿的勇敢承认错误，和冯焕章先生所讲的平老静"还金镯"的故事，这些，都是我们大家私德上的好榜样。我们每个人都可以效法这些榜样，把自己的私德建立起来，建筑起"人格长城"来。由私德的健全，而扩大公德的效用，来为集体谋利益，则我们的学校必然地到了四周年，是有一种高贵的品德成绩表现出来。

我今天所讲的"每天四问"，提供大家作为进德修业的参考。如果灵活运用，说到做到，明年今日四周年纪念的时候，必然可以见出每个人身体健康上有着大的进步，学问进修上有着大的进步，工作效能上有着大的进步，道德品格上有着大的进步，显出"水到渠成"的进步，而有着大大的进步。

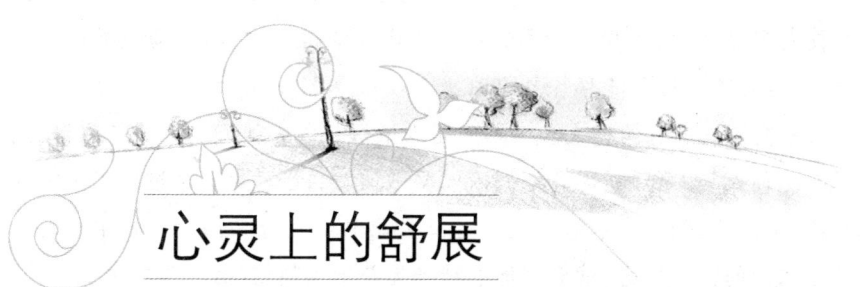

心灵上的舒展

□（台湾）罗　兰

罗兰　女，本名靳佩芬，1919 年生于河北宁河，后移居台湾。当代作家。曾任音乐教员、广播电台编辑、节目制作主持人、专栏作家。已出版作品 30 余种，包括《罗兰小语》、《罗兰散文》、《飘雪的春天》、《绿色小屋》，散文体自传《岁月流沙》三部曲等，读者遍及海内外。

人生最大的苦恼，不在自己拥有的太少，而在自己想望的太多。想望

不是坏事,但想望的太多,而自己能力又不能达到,则会构成长久的失望与不满。在对环境、对自己,都长久地感到失望与不满的情形之下,就产生了自卑、疑惧、对环境的戒备和内心的紧张。

我常想,对那些太急于求好,或争于求功的人们来说,他们需要学会一分"心灵上的舒展"。这种心灵上的舒展是让自己能把一切看平淡些,看轻松些。不要巴望得太高,不要过分地求全苛刻。固然,在正常的情形之下,我们都应该要求自己上进,要求自己做事要精确、要成功、要胜利、要超越;但是在这一切要求之上,还必须有另一种要求来使它平衡。这要求便是使自己"量力而为",要"轻松平淡"。

一个人的智力、体力、领悟力与适应力,都有一定的限度和范围,不可能在每一件事上都一路领先,胜过所有的人。我们必须承认有自己力量所不能达到之处。必须承认人外有人,天外有天。我们可以在某一些事情上比别人略胜一筹,但当别人在另一些事情上胜过我们时,我们必须有为别人喝彩的心情;最低限度要有承认别人在某些方面比自己好的雅量。而且即使对自己来说,当我们达不到自己所要求的目标时,除去准备继续努力之外,也必须对自己能存几分原谅。

我们常见的有两种人。一种人是太懒散,因此他们需要多催逼自己;另有一种人是太要强,因此他们需要略微放宽自己。对一个过分求全的人来说,他如想真正得到成功,必须先让自己学会几分平淡。否则单是那种急于求功的紧张焦虑,就会把他的精神无益地消耗,以致一事无成。

当你紧张焦虑、不可终日的时候,你不妨想想世界上那些尽人皆知、值得紧张焦虑的大事。例如,太空人登陆月球的事。试着设想一下太空人所面临的考验,科学家们所面临的考验,以至于太空人的家属们所面临的考验等,你会开始了解,你自己目前所引以为紧张的事情实在很小;你所面临的成败得失也实在并不那么严重。

世上真正成功的人常能举重若轻,履险如夷,临危不乱。这是一份定力,也是一种智慧和胸襟。太空人在登月探险的过程中,还有心情说笑话,那一份轻松正是最高智慧的表现,也是成功者所必备的条件之一。

大成功如此,小成功亦然。念书、参加考试,除认真准备之外,必须能够把得失置之度外。凡事在于自己尽力而为,只要自己已经尽力,成功与否，或是否胜过别人，那就已经不是自己的力量所可操纵，多去忧虑反而分散了自己的精神与心力，削弱了成功的可能性。

"不问收获，但问耕耘"，这句名言不但是我们做事为人的一个守则，也更是应付得失问题时的最佳箴言，同时也是一项真正帮助我们达到成功目的的信条。因为我们在耕耘时，如果分心去巴望收获，或因急于收获而不耐烦去脚踏实地地耕耘，都足以影响到正常的工作步骤，而减少或失去了应得的收获。

个人的成就与竞争时的得胜，固然是值得快乐的事；但假如一个人处处想得胜、要争强，则不但享不到成功的乐趣，反而充满了唯恐被别人超越的苦恼。由于你时时想要胜过别人，则一切人都将成为你的敌人。生活中那些本来值得欣赏的项目，也都由于你急于求功，而变成了不受欢迎的干扰。这样，你的生活势必内容枯燥、冷硬而乏味。由于你只欣赏自己而不欣赏别人，难免使自己变得孤立而非常寂寞。那时，你即使成功，也会由于无人与你分享而不会觉得快乐。

因此，假如你已具备了天赋的聪明与后天的勤奋，希望你在这两项成功必备的条件之外，再加上一份平淡轻松的心情，那是真正智慧者所最应追求的。

聪明勤奋和平淡轻松是成功的两翼，缺少其一，都将使你不能成行。

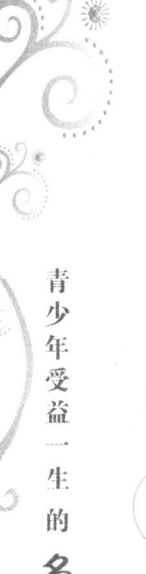

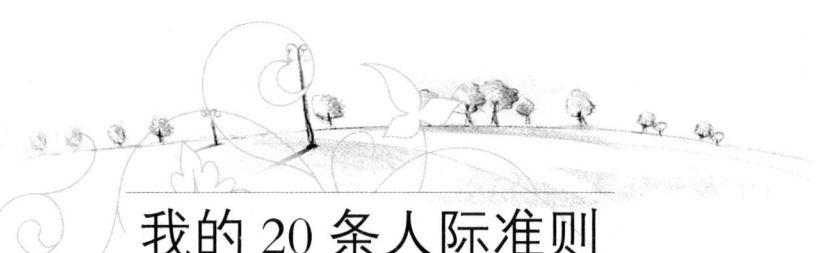

我的 20 条人际准则

□ 王　蒙

王蒙　1934 年生于北京,祖籍河北。当代著名作家,曾任国家文化部部长。出版小说集、长篇小说、评论集等多种。其中《最宝贵的》、《悠悠寸草心》、《春之声》、《蝴蝶》、《相见时难》等先后获全国优秀短、中篇小说奖。长篇小说有《活动变人形》、《季节四部曲》、《尴尬风流》等。近期著作有《我的人生哲学》、《大块文章》等。

在人际关系上,我有几条基本准则:

1.不相信那些动辄汇报谁谁谁在骂你的人。

2.不相信那些一见了你就夸奖歌颂个没完没了的人。

3.绝对不布置安排一些人去搜集旁人背后说了你一些什么。

4.绝对不在公开场合,尤其不能在自己的权力影响范围内,即利用自己的权力或者影响召集一些人大谈旁人说了你什么,那样做等于拆自己的台。

5.不回答任何对于你个人的人身攻击,只讨论不仅对于你和你的对手,而且对于更多的人众,对于社会和国家,对于某种学理的建设和艺术的创造确有意义的问题。

6.一般不做自我辩护,但可以澄清一些观点、一些选择、一些是非。

7.一时弄不清或一时背了黑锅也没关系。你还是你,他还是他。一个黑

锅也背不起的人只能是弱者。

8.不随便拒绝人,也不随便答应人。不许愿,不吊人家胃口,不在无谓的事情上炫耀自己的实力。

9.不急于表现自己,也不急于纠正旁人,再听一听,再看一看,再琢磨琢磨。

10.不在背后议论张长李短。

11.记住,人际关系永远是双向的,学人者人恒学之,助人者人恒助之,敬人者人恒敬之,爱人者人恒爱之。同时,说人者人恒说之,整人者人恒整之,害人者人恒害之,耍人者人恒耍之,虚伪应付人者人恒虚伪应付之。

12.绝对不接受煽动,不接受挑拨,绝对不因 A 的煽动而与 B 为敌,也不因 B 的煽动而向着 A 冲去。

13.在人际关系中永远不考虑从中捞取什么。

14.永远不要以为任何你接触的人比你傻比你笨比你容易上套。

15.对某人某事感到意外时,先从好处想想,可能他做这件事是为了帮助你,至少客观上对你无损,而千万不要立即以敌意设想旁人。

16.永远不与任何人包括对你最不友好的人纠缠。你搞你的人际纠纷,我忙我的业务工作。你搞纠纷的结果未必能怎样怎样,我搞业务工作的结果很可能有一些成绩。我的一切成绩都是对你的最好回答,更是对友人的最大安慰。

17.寻找结合点、契合点,而不是只盯着矛盾分歧。永远安然坦然,心平气和,视分歧为平常,视不同意见的人为现实的诤友或候补级诤友,而不是小气鬼般地一见到意见不一的人就如坐针毡,脸上红一阵白一阵。

18.永远不从个人利害的角度谈论与思考问题,永远不"我、我、我"与人争论,宁可把一切争执学理化也不要搞狗屎化、个人化。

19.把人际关系的处理当做一个特殊的课程,从中分析和进一步掌握我们的国情,我们的历史,我们的社会结构,我们的哲学传统与时尚思潮,我们的逻辑学,科学文明教养与心理健康,等等,这也就是上一条所说的学理化的意思。

20.可以用足气力去学习、去工作、去写作、去装修房屋,乃至去旅游、去赛球,去玩,但是用在人际关系上,用在回应摩擦上,用在对付攻击上,最多只发三分力,最多发力 30 秒钟,然后立即回到专心致志地求学与做事状态,再多花一点儿时间和气力,都是绝对浪费精力、浪费时间、浪费生命。

以上20条，我自己并没有完全做到，但我确实明白，凡这样做的，效果极佳；凡没有这样做的，都是犯蠢，都是糊涂，都是枉费心机，甚至是丢人现眼。这是丝毫不爽的。类似原则还可以生发出许多条，这20条不过是抛砖引玉，以为共勉。

说了这么多，其实最好是从根本上忘记人际关系之说，忘记关系学。就关系求关系，只能走向穷途末路，贻笑大方，小里小气，俗不可耐。而一个人只要专心学习，努力工作，真实诚信，与人为善，平等待人，健康向上，群众关系人际关系自然能好，一时有问题受误解也不过是小小插曲小小过门。关系是副产品，是派生出来的东西，是自然而然的东西。对待关系宁肯失之糊涂失之疏忽，也不要失之精明失之算盘太精太细。

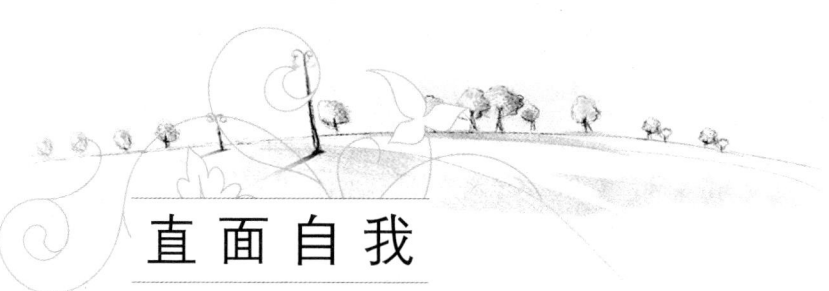

直面自我

□[法]蒙　田

蒙田(1533~1592)　文艺复兴时期法国思想家、散文作家。反对灵魂不朽之说，并认为人们的幸福生活就在今世。他的散文对培根、莎士比亚以及17、18世纪法国的一些先进思想家、文学家及戏剧家影响很大。代表作是三卷本的《随笔集》。

我要求自己，敢于做的事情就要敢于说出来，不能公之于众的事就不要去想。我最坏的行为和思想也没有丑陋到不可告人的地步。人们在忏悔

的时候都是非常谨慎的，如果在行动中还能够那样谨慎该是多么好啊！然而，犯过失的胆量丝毫都没有受忏悔时的胆量的抑制。谁如果要求自己说出他所做的一切，那么他就会要求自己不去做任何不得不保守秘密的事情。

但愿我的过分大胆能够带动人们去超越那些源于自身弱点的那种怯懦和具有腐蚀性的品质，从而走向自由。但愿我的这些毫无顾忌的文字能够把世人引向真正的理性！我们应当正视自己的毛病，研究它，批评它。如果向别人隐瞒自己的毛病，那么这个人通常也不敢把这个毛病向自己袒露。如果他的毛病被别人看到了，那么便会怪自己没有遮盖好，这种人即使是对自己的良心也文过饰非。

"人为什么不愿意承认自己的毛病呢？那是因为他仍然是自身毛病的奴隶。人们只有在醒了以后才能够述说自己所做过的梦。"

肉体的病如果越严重也就越明朗化，于是我们可以发现，自己所认为的感冒或者韧带的扭伤原来都是痛风病。而心灵的病如果加剧了，那么就会变得更加糊涂。病得越重的人就越是感觉不出自己的病。所以要经常用无情的手将它们抖搂在光天化日之下，并把它们打开，把它们从我们的心灵深处挖出来。坏事和好事是一样的，有时只要把它们说出来，心里便会无比的舒畅。难道有什么过失，因为它的丑恶我们就不可以坦白地说出来吗？

我不能够忍受作假的行为，因此也就避免为他人去保守秘密，因为我没有勇气去否认我是知道的。我知道的事我可以不说，但是要否认我是知道的，我必定会感到非常为难，并且会因此而感到痛苦。保守秘密，应该是出于自觉的，而不是出于义务的。为了效忠君王而必须严守的秘密，这并不是什么困难的事，如果不是同时要求我说谎的话。

有一个人求教于米勒的塔勒斯，问他是否应该郑重其事地否认自己有过亵渎的行为。倘若那个人来问我，那么我就会回答说，他不应当否认，因为我觉得撒谎比亵渎行为更坏；而塔勒斯给他的完全是另外一种劝告，劝他发誓没有做过，并且是说得越少越保险。当然，塔勒斯的劝告并不是要那个人选择恶行，但是却会导致恶行的重犯。

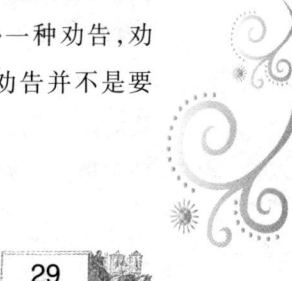

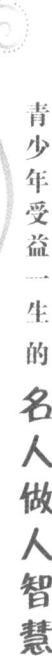

心理的调整

□梁漱溟

梁漱溟(1893~1988)　原名焕鼎，字寿铭，广西桂林人。著名哲学家、教育家，现代新儒家的早期代表人物之一。1921 年出版代表作《东西文化及其哲学》一书，成为现代新儒学的先驱。《人心与人生》、《中国——理性之国》和《这个世界会好吗》是他晚年的重要著作。

大家来到此地，都抱有求学研究之志，但我恳切地告诉大家说：单是求知识，没有用处，除非赶紧注意自己的缺欠，调理自己才行。要回头看自己，从自己的心思心情上求其健全，这才算是真学问，在这里能有一点，才算是真进步。

人类所以超过其他生物，因人类有一种优越力量，能变化外界，创造东西。要有此变化外界的能力，必须本身不是机械的。如果我们本身是机械的，我们即无改变环境之力。人类优长之处，即在其生命比其他物类少机械性。这从何处见出呢？就是在他能自觉，这是人类第一也是唯一的长处；而更进步的，是在回头看自己时，能调理自己。我们对外面的东西，都知道调理他，譬如我们种植花草，或养一个小猫小狗，更如教养小孩，如果我们爱惜他，就必须调理他。又如自己的寝室，须使其清洁整齐，这也是一种调理。我们对外界尚需要调理，则对自己而忘记调理，是不应该的。

不过调理自己与调理东西不甚一样。调理自己要注意心思与心情两方面。心思方面最要紧的是要条理清楚。凡说一句话，或写一段文字，或作一篇文章，总要使其清楚明白。一篇东西，得要让它有总有分，对一个问题也要能仔细分辨。如缺乏条理，徒增再多知识也是无用的，因为知识是要用条理来驾驭的。让心思之清楚有条理，是与心情有关系的。在心情不平时，心思不会清楚，所以调理心情是最根本的。

对心情应注意的有两点：一是懈，一是乱。懈或散懈，是一种顶不好的毛病，偶然懈一下，这事便做不好，常常散懈，则这人一毫用处没有。社会上也不会有人去理他，在写日记时的苟且潦草敷衍对付，都是从懈来。日记写得短不要紧，最不好是存苟偷心理。一有这心理，便字不成字，话不成话，文不成文。苟且随便从散懈心理来，干什么事都不成不像，这就完了。

乱或暴乱，是心情不平，常是像有点儿激动，内部失掉均衡和平，容易自己与自己冲突，容易与旁人冲突，使自己与环境总得不到一个合适。暴乱或偏激，与散懈相反；散懈无力，暴乱初看似乎有力，其实一样的不行。因其都是一种机械性，都无能力对付外面变化，改造环境。这种无能的陷于机械性的人是可怜的。然则如何不陷于机械而变成一个有能力的人？这是要在能自觉，不散懈，亦不暴乱，要调理自己，使心情平和有力，这就是改变气质的根本功夫。

调理自己需要精神，如果精力不够时，可以休息。在我们寻常言行时，绝不可有苟且随便的心情；而在做事的时候，尤需集中精力。除非不说不做，一说一做，就必须集中精力，心气平稳地去说去做。譬如写一篇文章，初上来心很乱，或初上来心气尚好，这时最好平心静气去想，不要苟且从事，如果一随便，就很难得成为一气。所以我们的东西不拿出则已，拿出来就要使它有力量。诸同学中有的却肯用心思，但在写文章时，条理上还是不够，有随便苟且之意，字句让人不易看清楚。有的同学还更差些。这不是一件小事情，这是一个很要紧的根本所在。

所以大家要常常回头看，发现自己的缺欠，注意去调理。做事则要集中精力去做，一面需从容安详，一面还要挺然。挺然是有精神，站立得起。安详则随时可以吸收新的材料，因为在安详悠闲时，心境才会宽舒；心境宽舒，才可以吸收外面材料而运用融会贯通。否则读书愈多愈无用。

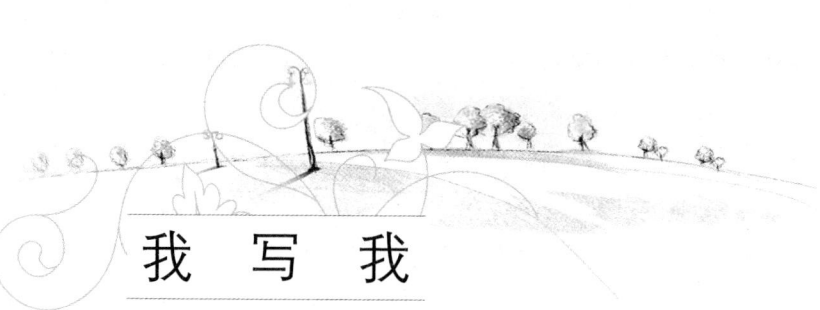

我 写 我

□季羡林

季羡林　1911 年生,山东清平人(今临清市)。著名语言学家、文学翻译家、作家,梵文、巴利文研究专家,北京大学教授。其一生致力于东方学,特别是印度学的研究工作,被誉为东方学大师。著述主要有《中印文化关系史论丛》、《印度简史》、《印度古代语言论集》、《原始佛教的语言问题》等,散文作品有《季羡林谈人生》、《牛棚杂忆》、《病榻杂记》等,翻译作品主要有印度史诗《罗摩衍那》。

我写我,真是一个绝妙题目,但是,我的文章却不一定妙,甚至很不妙。

每一个人都有一个"我",二者亲密无间,因为实际上是一个东西。按理说,人对自己的"我"应该是十分了解的,然而,事实上却不尽然。依我看,大部分人是不了解自己的,都是自视过高的。这在人类历史上竟成了一个哲学上的大问题。否则古希腊哲人发出狮子吼:"要认识你自己!"岂不成了一句空话吗?

我认为,我是认识自己的,换句话说,是有点儿自知之明的。我经常像鲁迅先生说的那样剖析自己。然而结果并不美妙,我剖析得有点儿过了头,我的自知之明过了头,有时候真感到自己一无是处。

这表现在什么地方呢?

拿写文章做一个例子。专就学术文章而言,我并不认为"文章是自己的好"。我真正满意的学术论文并不多。反而别人的学术文章,包括一些青年后辈的文章在内,我觉得是好的。为什么会出现这种心情呢? 我还没得到答案。

再谈文学作品。在中学时候,虽然小伙伴们曾赠我一个"诗人"的绰号,实际上我没有认真写过诗。至于散文,则是写的,而且已经写了六十多年,加起来也有七八十万字了。然而自己真正满意的也屈指可数。在另一方面,别人的散文真正觉得好的也十分有限。这又是什么原因呢? 我也还没有得到答案。

在品行的好坏方面,我有自己的看法。什么叫好? 什么又叫坏? 我不通伦理学,没有深邃的理论,我只能讲几句大白话。我认为,只替自己着想,只考虑个人利益,就是坏;反之能替别人着想,考虑别人的利益,就是好。为自己着想和为别人着想,后者能超过一半,他就是好人;低于一半,则是不好的人;低得过多,则是坏人。

拿这个尺度来衡量一下自己,我只能承认自己是一个好人。我尽管有不少的私心杂念,但是总起来看,我考虑别人的利益还是多于一半的。至于说真话与说谎,这当然也是衡量品行的一个标准。我说过不少谎话,因为非此则不能生存。但是我还是敢于讲真话的,我的真话总是大大超过谎话。因此我是一个好人。

我这样一个自命为好人的人,生活情趣怎么样呢? 我是一个感情充沛的人,也是兴趣不老少的人。然而事实上生活了80年以后,到头来自己都感到自己枯燥乏味,干干巴巴,好像一棵枯树,只有树干和树枝,而没有一朵鲜花,一片绿叶。自己搞的所谓学问,别人称之为"天书";自己写的一些专门的学术著作,别人视之为神秘。年届耄耋,过去也曾有过一些幻想,想在生活方面改弦易张,减少一点儿枯燥,增添一点儿滋润,在枯枝粗干上开出一点儿鲜花,长上一点儿绿叶。然而直到今天,仍然是忙忙碌碌,有时候整天连轴转,"为他人做嫁衣裳",而且退休无日,路穷有期,可叹亦复可笑!

我这一生,同别人差不多,阳关大道,独木小桥,都走过跨过。坎坎坷

坷,弯弯曲曲,一路走了过来。我不能不承认,我运气不错,所得到的成功,所获得的虚名,都有点儿名不符实。在另一方面,我的倒霉也有非常人所可得者。在那骇人听闻的所谓什么"大革命"中,因为敢于仗义执言,几乎把老命赔上。皮肉之苦也是永世难忘的。

现在,我的人生之旅快到终点了,我常常回忆80年来的历程,感慨万端。我曾问过自己一个问题:如果真有那么一个造物主,要加恩于我,让我下辈子还转生为人,我是不是还走今生走的这一条路?经过了一些思考,我的回答是还要走这一条路。

比做学问更重要的是做人

□ 王大珩

王大珩(héng)　1915年生,江苏省吴县市人。应用光学专家,中国光学事业奠基人。中国科学院院士,中国工程院院士。1936年毕业于清华大学物理系。1999年被授予"两弹一星功勋奖章"。

我常对我的学生说,比做学问更重要的是做人。

我有个很好的学生,叫赵文兴。赵文兴是个地地道道的农村孩子,是凭着一股子劲儿从农村里闯出来的。刚做我的博士生时,赵文兴对我尊敬到了畏的程度。第一次见面时,他从头到尾直挺挺地坐在那里,紧张得连话都不会说了。我每说一句话,他都恨不得赶紧在小本上记下来。当时,他还不了解我，不知道该如何同我打交道。结果，他越是小心就越出错。

1982年，赵文兴要去德国参加一个学术会议。临行前，他把准备在这个会议上发表的一篇文章拿给我看。文章写得很好，但我一眼就发现他把我的名字署到前面了。这篇文章的整个观点倒是我的，是我在英国时就想到的问题，但一直没有机会去做，没有得到证实，我就把这个题目交给了赵文兴。是赵文兴成功地做出了这个实验，又是他据此写出了这篇论文，因此，这篇论文的署名理应是他在前我在后。我就毫不犹豫地把名字的顺序改过来了。

赵文兴是个实在人，回去后他越想越觉得心里过意不去。他认为自己只是做了一些实验工作，证实了导师的观点，把自己的名字署在导师前面他总觉得不应该，就又把名字的顺序改了回来。定稿时，看到他又把我的名字署在前面了，引起了我的重视。我想，署名的事情看起来很小，但实际上很大。做导师的人在署名的问题上应该十分严肃，不能仗着自己是导师，就不管做没做工作也要往上署名，不管做没做主要工作也要把名字署在前面。这种署名是丢人格的，是不值钱的，会对自己的学生产生不良的影响。我们做导师的应该用自己的行动向学生证实这个道理：比做学问更重要的是做人。于是，我把名字的顺序重新更改过来，并很严肃地对赵文兴说，学术文章的署名不应该有长幼尊卑之分，应该具有科学的态度，这项研究从实验到论文都是由你来完成的，你的名字就理所当然应该署在前面，请你不要再改动了。

后来，又是因为署名的问题我朝赵文兴发过一次火。那是赵文兴在做另一篇论文的时候。这篇论文也是基于我的观点，由赵文兴做的实验，写出的论文。但因为其中存在着一些有可能引起争议的问题，在发表时赵文兴就十分谨慎。他与副导师经过反复商量之后，从不给我增添麻烦的角度考虑，决定不在文章上署我的名字了，只以赵文兴自己的名字来发表。我不了解这其间的隐情，所以当我看到这篇文章后十分生气。我认为赵文兴在署名问题上仍然缺乏严肃认真的科学态度，立刻把赵文兴叫来责问。当时，赵文兴看到我发火了，就紧张起来。他本来就是个老实人，不是很善言辞的，心里越紧张就越难以解释清楚，结果装了一肚子委屈走了。后来，还是赵文兴的副导师向我把情况解释清楚了。了解到实际情况后，我对这件事很后悔。我想,我应该向赵文兴道歉,尽管我是他的导师,但是导师有错更应该主动承认错误,这不是面子问题,而是做人的问题。所以,我专门给赵文兴写了一封向他道歉的信,我在信上说,是我错怪了你,我当时的态度过于激烈了,希望你不要多心,还请你多多原谅。

1983年,我当选为中国科学院科学技术部主任,而后调入北京中科院工作。

长春光机所现任所长曹健林是继我之后的第四任所长,也是最年轻的一位所长。我现在是长春光机所的名誉所长,也是最老的一位所长。我总觉得从某种角度来说,今天的曹健林恐怕比我当年创业时还要难。

当年,我创建光机所的时候虽然科研基础差,人力物力匮乏,但毕竟那是一个倾全国之力支持科技发展的年代。那时候,只要是科研需要,党和上级领导要人给人,要物给物。搞电子显微镜时,说需要有一台电子显微镜做参考,一下就把武汉微生物研究所刚进口的一台电子显微镜要来了;说需要人,与电子所打个招呼,当即把刚从德国学成回国的黄兰友先生留下,他很快就投入工作干起来。搞国防科研的时候更是全国一条心,需要什么支持就有什么支持,需要怎么支持就怎么支持;而且,那时候我们这些从国外回来的专家,在领导层中还是有一定的威望和影响的,讲话还是很起作用的。记得我们研制电子显微镜时,中科院党组书记张劲夫同志担心能否搞得出来。我说,起码不会比21年前世界上第一台电子显微镜差,我们应该能搞出来,应该能取得这个胜利。领导就立刻给予我们大力支持。

如今不同了。曹健林当所长的今天,恰逢改革大潮兴起。中国科技体制改革的第一批单位中就有长春光机所。长春光机所作为中科院的改革试点单位,被推到了改革的前沿。国家改变了原有的拨款制度,大量削减事业费,吃了几十年皇粮的光机所,说断奶就一下子断奶了。面对拨款制度改变后的严峻局面,维持偌大一个光机所的生存就成了曹健林的主要工作。曹健林需要思考许多对我们这些中国科学家来说曾经是十分陌生的课题:他要考虑如何带领这么大的研究所走出生存的困境;他要考虑如何才能既保证光机所的生存,而又不失其科研单位的基本性质和科学水平;他要考虑市场,要以市场为导向;他要考虑经济效益,要以经济效益为中心；他还要考虑从事高新技术研究和产品开发的新思路。而这些还仅仅只是一个方面，对曹健林来说，也许最难面对的还是在商品经济浪潮的冲击下，知识分子群体的意识分化。市场经济在知识分子面前展开了一个充满了诱惑的世界，而市场经济的日渐活跃，又逐渐淡化了主流意识形态，这使越来越多的知识分子开始改变自己的价值取向。他们开始拒绝传统知识分子的"士"之人格，不再甘心固守精神和清贫了；他们变得越来越现实，越来越无法专注于眼前的事情了。

对曹健林来说，要应付眼前这所有的一切，实在是过于沉重了。我很体谅曹健林的难处，总希望能帮曹健林做点儿什么，每次见到曹健林，我总要问一问："你看还需要我做点儿什么？"如果有能帮上忙的事情，我就会尽全力去做。但也有例外。

有一次，曹健林来北京找我。我知道他肯定有事，但他却吭哧吭哧地绕了半天也没说明来意。我觉得很奇怪，曹健林从来不是这样的。当年，他刚从国外读完博士回来时，根本不认识我就敢贸然闯进我家，请我出面支持他申请"863"计划中的一个科研项目。那次，他申请的是有关X射线膜层方面的研究课题，这个项目人家花了几十万，他说他只要一万元，保证把这个课题做出来！我被他的热情感动了，通过交谈，我相信他具有这个能力，所以我当即提笔为他写了推荐信。结果，他果然只用了一万元就把这个项目做出来了。我想，曹健林是一个习惯明确表达自己想法的人，他这个样子一定是有难以说出口的话。我突然想起，眼下正是推选中科院院士的时候，我是科学院主席团成员，在院士的评选中能够起到一些作用，曹健林一定是为了这件事来的。

我默默地注视着曹健林，突然开口对他说："说吧，你想给谁说情？"

曹健林当时就愣了，他没想到我会主动把话挑出来，就一五一十地对我说了。他果然是为推选科学院院士的事专程来找我的。站在所长的角度，曹健林想在这次院士推选中为所里多争取一个名额。他说临行前，他们所里几个领导商量了一下，觉得推荐的这个人是我的学生，我很有可能会破例同意给使点劲儿。

听了曹健林的讲述之后，我很久很久没有说话。我有些不知道该怎么对他说才好。我不想伤害他，他有他的难处，况且他也不是为了自己。只是

第一辑　比做学问更重要的是做人

他不懂,他这是给我出了个天大的难题。我历来鄙薄把社会上的关系学带到科技界的做法,历来鄙薄科技界中以师生关系相互照应的不良风气,我自己怎么能这样做呢。孟子说:"枉己者,未有能直人者也。"既然我告诉我的学生比做学问更重要的是做人,我就得自己先做正这个人。否则,我还有什么脸面做他人的导师呢!沉默了很长时间,我才长长地叹了一口气,很真诚地对曹健林说,我想告诉你一句实话,不知你听了是否会相信。我说,你知道吗?在现在的中科院院士中,有10个人曾经做过我的学生,但是,他们这些人却没有一个是由我提名而当选为院士的。我不知道怎么样才能向你解释清楚这件事,我只想请你答应我,今后不要再向我提这样的要求了好不好?我很珍惜自己的这份权利,我想请求你让我把这个权利留给我自己。

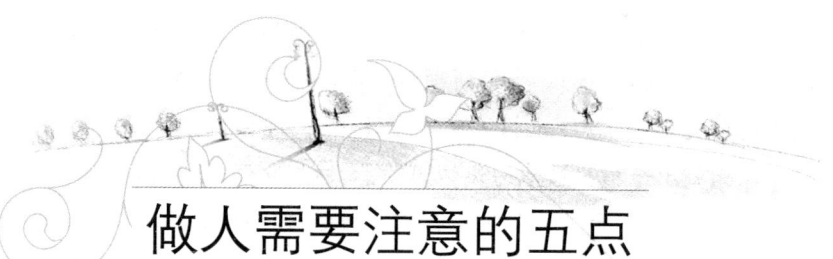

做人需要注意的五点

□ [日]池田大作

池田大作 生于 1928 年。日本创价学会名誉会长、国际创价学会会长。佛教思想家、哲学家、教育家、社会活动家、作家、桂冠诗人、摄影家、世界文化名人、国际人道主义者。1983 年获联合国和平奖,1999 年获爱因斯坦和平奖,在中国获得中日文化交流贡献奖。

引 言

最美好的人生途径就是创造价值。单纯地认识上帝赋予的价值,平凡地送走青春,只能说他的青春是很遗憾的。

一些哲学家论述过"利、美、善"的价值,也论述过价值的创造。

"利"的价值是指为自己的利益和为他人的利益。换言之,是为自己和周围的人都能得到幸福的想法和行动。唯有这样,才能施展出个人的高超才干和个性。

"美"的价值是指在绘画、音乐、文学等方面,力求表现自己的良知、教养和人格。不管他人是否承认,争取创作出优异作品,向周围的人和社会提供美的影响。

"善"的价值是指反对以自我为中心的利己主义。在家庭里宛如光明的太阳,美丽的鲜花,使家庭和和睦睦,形成善的气氛。扩而大之,使整个社会形成一股巨大的力量。

同样,在工作岗位上,在与朋友交往上,都给他们以欢快与和睦。事情虽小却显示了善的尊严。

把这些"利、美、善"的价值依靠你自己创造得又深又广,而后,自己的才能和个性得到伸展,丰富多彩的青春就展现在你眼前了。

一、同平民站在一起

"第一,经常同民众站在一起;第二,不要妄自尊大。"这是我的座右铭。一个人不论多么伟大,终究只是一个人。我认为,像特权阶级所干的那些事,是产生今天的社会矛盾、纠纷、互不信任的根本原因,不管当上多么大的官,仍然要保持人性和平民性,不忘实事求是的生活方式。不虚张声势、不摆架子的人,才是最强有力的。

有些人想依靠权势、组织力量、财力行事。既然一个人的力量是那么有限,所以这也许是不得已吧。不过,权势、组织力量、财力也都有其限度;特别是财力,比起其他来,是最无情、最冷酷的东西。与之相反,实事求是的生活方式最富于人性,没有限度。依靠这种人性生活时,绝不会被社会矛盾、纠纷所烦扰,必然同人们心连心。

有名望的人,一朝失掉了"名",就会从宝座上跌落下来;依靠财力的人,一旦失掉了"财",就会沦为悲惨的人;依靠权势的人,随着权力的丧失

而一败涂地，在历史上是不乏记载的。

然而，喜爱荣誉却是人之常情。得到应得的荣誉是可贵的。只是应该注意不要利用荣誉来挥动权势，妄自尊大。实际上，荣誉有如萤虫之火，在暗黑的夜空里，它放着光，显示出美丽，极其可贵。但是，靠前一看，立刻就会明白它是何等的软弱无力。因此，美的尊贵不是荣誉本身，而是得到应得荣誉的崇高人格。

所以，当得到应得的荣誉之后，也应该淳朴地、切实地以"千里之行，始于足下"的谚语勉励自己，保持平民的平凡品格，这才是一个无限的最根本的人。这样的人一定是能把无愧于人生的胜利旗帜高高举起。

二、知恩图报

到了现代，提起报恩来，似乎有点儿过时了。但是，我可不这么看。时代有所变迁，社会表现形式有所不同了，唯独报恩这个道德含义将永远深深扎根在人性中。它是人类永恒的伦理。

《伊索寓言》是公元前 620 多年前的希腊短篇故事集。那里面以动物世界为素材，写了许多报恩题材的故事。这本书现在在西欧一些先进国家里仍被当做教育儿童的读物。

德国哲学家康德说过："没有比知恩不报的人更丑恶的了。"

古代在思想、哲学、宗教领域里，尽管有高低深浅、千差万别之分，然而，没有一个国度不崇尚报恩。因为它是人类本来的美德，是中心伦理。

谁也无法否认，人被父母抚养成人，得到老师的教诲，受到社会的扶持的一些事实。对于这些事实丝毫无动于衷，不知感谢的人，只好说他是个没有人性的不如低级动物的"人"了。最后，他必将遭到人们的唾弃，度过懊丧的一生。

据说现代社会是尊重人性的进步社会，但仔细观察时，似乎有些人误解了民主主义精神实质，错误地让放纵主义猖獗横行，以致造成不负责任的社会风气。

不负责任的自由产生无秩序和混乱。不尊重伦理的个人主张是对人性的蔑视。不尊重义务只强调权利的主张，绝不会造成真正的民主主义社会。不负责主义的享乐，只能是瞬间即灭的肥皂泡。

这样的生活方式只能给自己留下悲哀和空虚，而尊敬和信赖生活的人，肯定有充实的人生。深知父母、老师、国家、社会的恩典，知恩图报，不正是人的正确生活方式吗？

三、生活中要有幽默

人生没有幽默，就像春天里没有鲜花。我们并非生活在法律之中。《六法全书》里连一个"恋"字都找不到，有人因此而感到冷落。

第二次世界大战中，有一个著名的故事：英国首相丘吉尔处在德国飞机狂轰滥炸之际，手里玩着皮球，一面悠然自得地说着笑话，一面指挥战斗。看了他那从容不迫的态度，周围的人都增强了信心。

英国议会被评论为世界上最高的议会政治，据说在讨论任何生硬的法律问题时，都离不开幽默和俏皮话。在世界各国人民当中，英国人最注重幽默，值得称赞。

笑和幽默是只有人类才有的特权。在日本，若是每个人不论在工厂、在家庭，不论在工作多么繁忙的时刻，都能经常地不忘幽默，互相谈论，互相接触，那该是一个多么和睦、谐调、愉快的社会呀。

在科学文明不断进步、生存竞争逐渐激化的变革中，幽默的人仿佛是盏明灯，他的存在极为必要。有些难度较大的道理、深奥的教训虽然摆在眼前，也不易使人们感知和理解，但却可以通过平凡的人民群众的幽默去感动他们，给他们以勇气。这样的记述在历史上是很多的。因为幽默是人的情感的自然流露，直接联结在对方的本性上，它可以像润滑油一样滋润人生。

有幽默感的人不会让人厌弃，有幽默感的话题不会给人压力。所以，身为领导者的人，务必掌握这门艺术。除了领导者以外，一般人在日常生活中利用幽默，也很有效果。

不过，幽默要有诚实做后盾。那种专门用来哄骗别人，轻浮地伤害别人的幽默，绝不是真正的幽默。

我认为，幽默之中应含有某些哲理，使人能心安理得地接受和体会。当然，幽默是人的真实感情的自然流露，随着人的品格不同，效果也不同。

四、诚恳待人

旅行之后,总是让人回想起许多往事。哪怕是失败的事情,经过一段时间之后,思念之情也常常与日俱增。我曾经去过外国,深有体会。

看了许多名胜古迹、名山秀水,不同的风俗、民族特色及北极光等,久久不能忘怀。但是,最最忘不了的,还是那里的人心以及在旅途中受到的诚恳款待。

我第一次作北美洲旅行,在加拿大的多伦多时,由于去飞机场的汽车走错了路,没有赶上纽约的班机。我的预定日程安排得非常紧,若延长一天,就会打乱整个旅行计划。偏巧当天这个航空公司又没有航班了,简直把我急坏了。航空公司有一个年轻职员,为我向其他航空公司联系,费了好大周折,好歹没有耽误事。

实际上这是我自己误了时间,他不为我张罗也是理所当然的。但是,他却像对待自己的事一样东奔西走,使我怎会忘记呢?事成之后,他丝毫没有要求我们向他感恩的表情,依旧是笑容满面地把我们送上飞机。此事我至今也难以忘怀。

别人遇到困难时,很多人视而不见,有的怕受牵连,有的胆怯,有的远远躲开。这时敢于挺身而出的,必定是真诚的、有勇气的人。

有人说:"人生就像一张单程车票一样。"在旅途中今天遇到的人,也许再也遇不上了,因此,认为这是一种得不到报偿的辛劳,从而拒绝去做,这样的人也太浅薄了。为别人去做不避利害的事,才是最美的行为。这种真正爱别人的行为,终将得到别人的爱。

五、充满情意的礼品

在社会上,在与朋友的交往中,互相赠送礼物的机会是很多的。我想就送礼品一事谈谈自己的心得和体会。

我认为礼品应当是以心换心、心心相印的表现物,也必须成为寄托情意的媒介物。人们形容花草,有所谓木槿花谦逊、百合花纯洁、橄榄象征和平等。一枝花草也可以表达情意，所以，没有比礼品更能表达其人的情意和品格的了。

为了这个缘故，我出门旅行，有时候捡来那个国家的几片落叶，送给亲友做书签，有时候买些旅行地的美术明信片、手帕等，分送友人。

价钱贵的东西不一定就是最高级的礼物，重要的还是诚意。没有诚意只有表面光彩的礼品让人扫兴，有时候甚至使人感到愤怒。

所以，我向别人赠送礼品时，总是自己亲手去选择。经常留心对方的人品和兴趣，让他分享我在旅行中所体会到的喜悦心情。特别是赠送外国礼品，绝不可以把贱货冒充贵货去蒙骗别人，这是最失礼不过的。

在赠送廉价礼品时，不妨实事求是地把礼品的来龙去脉向收礼人言明，让他也得到同样的快乐，那该多么暖人心窝啊！一时的蒙混，早晚必然败露，千万记在心上。还有，礼品作为青春时代的回忆，让它能够很久很久地保存下去，也是需要注意的一个方面。

总之，在形式上虚伪的礼物，不如不送。要紧的是应该站在接受礼物的人的立场上考虑问题。

我们并不总是能得到自己想要的、需要的。但最终，我们确实得到了自己所期望的。怀着最高期望度过今天吧，你就会像我的朋友一样，发现"最好的还是会来的"。

第二辑
快乐藏在自己的内心

　　在高速行驶的火车上，一位老人不小心从窗口掉了一只鞋，他立即把另一只也从窗口扔了下去。这个举动让周围的人大吃一惊。老人解释说："这一只鞋无论多么昂贵，对我而言已经没有用了，如果谁能捡到一双鞋子，说不定他还能穿呢！"

　　改变生活质量的最佳方式，就是改变对生活的看法。你永远不知道明天会发生什么，但你可以用乐观积极之心等待。用你对生活的热情，把阴霾的早晨变成美好的黎明，在乌云密布的日子里创造出灿烂的阳光。

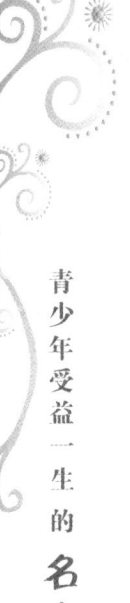

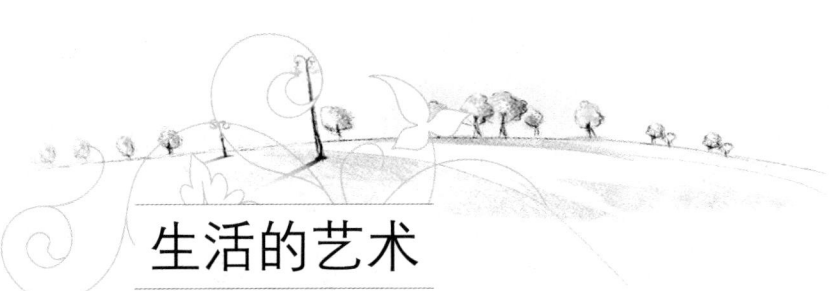

生活的艺术

□ 夏丏尊

夏丏尊(1886~1946)　原名铸,字勉旃,号闷庵,浙江上虞人。现代作家、教育家、出版家。早年留学日本弘文学院。1930年创办《中学生》杂志。曾和叶圣陶合著《文心》,并译有意大利亚米契斯的《爱的教育》。著有《夏丏尊文集》。

新近因了某种因缘,和方外友弘一和尚(在家时姓李,字叔同)聚居了好几日。和尚未出家时,曾是国内艺术界的先辈,披剃以后,专心念佛,见人也劝念佛,不消说,艺术上的话是不谈起了的。可是我在这几日的观察中,却深深地受到了艺术的刺激。

他这次从温州来宁波,原预备到了南京再往安徽九华山去的。因为江浙开战,交通有阻,就在宁波暂止,挂褡于七塔寺。我得知后就去望他,云水堂中住着四五十个游方僧,铺有两层,是统舱式的,他住在下层,见了我笑容招呼,和我在廊下板凳上坐了,说:"到宁波三日了。前两日是住在某某旅馆(小旅馆)里的。"

"那家旅馆不十分清爽吧。"我说。

"很好!臭虫也不多,不过两三只。主人待我非常客气呢!"

他又和我说了些轮船统舱中茶房怎样待他和善,在此地挂褡怎样舒服一类的话。

我惘然了。继而邀他明日同往白马湖去小住几日，他初说再看机会，及我坚请，他也就欣然答应。

行李很是简单，铺盖竟是用很破的席子包的。到了白马湖后，在春社里替他打扫了房间，他就自己打开铺盖，先把那很破的席子叮咛珍重地铺在床上，摊开了被，再把衣服卷了几件做枕。拿出黑而且破得不堪的毛巾走到湖边洗面去。

"这手巾太破了，替你换一条好吗？"我忍不住了。

"哪里！还好用的，和新的也差不多。"他把那破手巾珍重地张开来给我看，表示还不十分破旧。

他是过午不食的。第二日未到午，我送了饭和两碗素菜去（他坚说只要一碗的，我勉强再加了一碗），在旁坐了陪他。碗里所有的原只是些莱菔（fú 指萝卜）白菜之类，可是在他却几乎是要变色而作的盛馔，叮咛喜悦地把饭划入口里，郑重地用筷夹起一块莱菔来的那种了不得的神情，我见了几乎要下欢喜惭愧之泪了！

第二日，有另一位朋友送了四样菜来给他，我也同席。其中有一碗咸得非常的，我说："这太咸了！"

"好的！咸的也有咸的滋味，也好的！"

在他，世间竟没有不好的东西，一切都好，小旅馆好，统舱好，挂褡好，很破的席子好，破旧的手巾好，白菜好，莱菔好，咸苦的蔬菜好，跑路好，什么都有味儿，什么都了不得。

这是何等的风光啊！宗教上的话且不说，琐屑的日常生活到此境界，不是所谓生活的艺术化了吗？人家说他在受苦，我却要说他是享乐。我当见他吃莱菔白菜时那种愉悦叮咛的光景，我想：莱菔白菜的全滋味，真滋味，怕要算他才能如实尝得的了。对于一切事物，不为因袭的成见所缚，都还他一个本来面目，如实观照领略，这才是真解脱，真享乐。

青少年受益一生的

名人做人智慧

转到光明方面去

□邹韬奋

邹韬奋（1895~1944） 原名恩润，祖籍江西余江，生于福建永安。著名新闻记者、政论家、出版家。毕生从事新闻出版工作。先后在上海、香港主编《大众生活》周刊、《生活日报》、《生活星期刊》，并担任上海各界救国会和全国各界救国联合会的领导工作。一生著述颇丰，编为《韬奋文集》3卷。

世界上有许多人，一天到晚愁眉苦脸，在苦闷与失败里面过日子，都是因为他们对于生活存着错误的心理。他们好像从来不把脸朝着太阳光，却把背朝着太阳光；这样一来，望着前途，当然只看见黑影子了。但是我们要知道，我们的确能够在光明中过生活——只要我们肯睁开眼睛，放宽胸襟，看得见人生的美丽、愉快与安慰。

自己要上进，只有靠自己努力去做。如肯立定志愿，转到光明方面去，你要无时无刻不欣然地向着所定的目标前进，无论什么外诱，不能动你丝毫；这样做去，包能达到成功的结果。你要明白，你现在所处的境遇怎样平常，所处的位置怎样低微，所做的事业怎样有限，都一点儿无关紧要；最紧要的，与你前途有极大关系的，是你现在所朝着的方面——你心目中所常想的，所念念不忘的方面。你试想：倘若你一直立住望着山下的黑暗深谷，能否有达到山顶的时候？如你自愿安于困苦失败的黑暗深谷，念念不忘在这种黑暗的方面，那么虽有健康、美丽、安慰，成功的高峰在望，你心目中并没有它的影像，尽管埋着头往黑暗处钻，也不能引你上进。

我们如能改变我们的人生观，便能改变我们的生活。假使我们脑子里充满了穷苦愤恨疑虑的观念，好像戴着有颜色的眼镜看东西，外面东西的颜色也跟着它变，这样看出去，没有一件东西不是黑暗悲惨，可恨可恶的，我们的生活不可能不受我们思想的影响；你倘若一直向黑暗方面念念不忘，终有一天要跌到那个深渊里面去！你走路当然不得不向你所朝着的方向走，如要达到愉快与成功，心理却常常向着与它相反的方面，便永远休想达到；如心理常常向着恐怖、疑虑、靠不住，而要实现与它相反方面的好结果，也无异于向着西藏前进，要想达到美国的诗家谷，当然也是绝对不可能的事。

世界上最重要的东西莫过于我们的心理，我们要知道人类是应该要愉快地享受健康、幸福、安慰的生活。倘若我们还没有得到所应得的部分，这是因为我们工夫还没有做得到位，还要努力地去做。若只不过一天到晚在恐怖、错误的思想、灰心、怨尤，与烦躁心境的广漠里面横冲直撞，徒然耗神废时！因果律是人人逃不掉的。所谓因果律，就是说收成迟早总要与耕耘相应。我们固然不能希望不用力而有所成就，但是如果我们用了适当的心理对生活，做事做得不错，做得高兴，能诚实，仁爱，勤于助人，不自私自利，迟早必能得到由这种耕耘所出来的收成，决然无疑。

总之，我们如朝着光明的方面前进，心目中无时没有所欲达到的目标，用坚毅的意志。百折不回的精神，活泼快活的心境，无时无地不向着这个光明的方面前进，绝不念念与此相反的黑暗方面，我们的一生，便可有惊异的进步。

快乐藏在自己的内心

□ 池 莉

池莉 女，1957 年生于湖北。当代著名作家。主要作品有小说《来来往往》、《水与火的缠绵》、《不谈爱情》，散文集《怎么爱你也不够》、《真实的日子》等。曾获全国优秀中篇小说奖、首届鲁迅文学奖等多种奖项；多部小说被改编为影视作品。

经常有记者问我："请问你有什么个人爱好？"早年我经常被这样的提问堵在那里。后来我有经验了，接口就回答："没什么。"其实，怎么会没有什么爱好呢？只是不愿意与记者说罢了。因为说不清。个人爱好既不是大众爱好，也并非流行时尚，这一点许多人不懂。很多记者希望你的回答是"登山"、"网球"或者"开车"、"时装"，等等。其实我的个人爱好很多，其中之一就是甩手闲逛。

一般都是在夕阳西下的时候，我出门，两手空空，神态超然好似出家。每次的路线不一样，但有一个基本规律：首先在我们生活区转悠一圈，之后出大门，步伐矫健地往人烟稀少的地方行走。这一趟下来，大约两个小时。结果是血液循环良好，全身温暖通透，心平气和，神清气爽。

一路上，比如我看见家家户户的电视都开着，有的还是大屏幕，我就很快活。因为我既没有花钱买这么大的电视机，又不花电费，还不怕静电、辐射，以及久坐不动肚腩长肉，还不用经常后悔为一些格调不高的节目浪费宝贵时间。我看见人家围坐客厅打麻将，心里也快活，因为我不会打麻将且不喜聚众热闹，又少了一份应酬多了一份自己的时间。在路边，我看见一个中年女子在拍照，背景是原野、夕阳、国道与时髦登山车。只见她乔致乔张，搔首弄姿，一再匀粉拍脸，却把灰尘扑满旅行鞋，大约这是要发到网上去的，大约主题要叫骑自行车穿越中原吧！我很快活，为自己对于当代社会状态窥一斑见全豹。也为我自己一向不爱照相也不爱以照片示人感到满意：多不矫情啊，多不虚荣啊，多省钱啊，多省表情和精力啊。再看大路那边，川流不息的车又出事故了，追尾、碰撞、吵架、狼烟升腾，气急败坏，交警呜呜地鸣笛赶来。我真是非常同情驾车人，尤其同情女性，刚才还扬扬得意，转眼斯文扫地，头发急白。不过抱歉的是我依然很快活，因为我没有车，也从来不曾想要车。因此我就不会遭遇有车的危险和麻烦了。少花多少钱，少操多少心，少着多少急啊！

天渐渐黑去，我逐渐远离人烟与城市灯火，沿路遇上蟾蜍、多脚蛇和小虫虫们。我不怕。我不伤害它们，我敬畏它们，我的脚步声和气息都在传达我的心意，它们都懂。小时候也曾害怕荒野，长大了却害怕闹市。尤其是现在，银行和抢银行的，打劫和被打劫的，偷盗和被偷盗的，都集中在闹市，至少也是在公园。我行走的荒野没有任何物质，是富人与穷人都不可能存在的地方。我自己也身无分文，无任何金银首饰，还不佩手机戴手表，真是一干二净心里宽啊！快活！

原来樟树是春天换季，几乎是一夜落尽枯叶，枝头却先孕花蕾。是那种含蓄的花蕾，摸摸，一手的樟木香，捡起地上的黄叶，闻闻，依旧充满樟木香，遂捡得一捧，装进口袋，好生晒晒，岂不也是很好的天然熏香吗？快活！却可怜竹子，换季是这样的难，叶片要一点点地枯黄，难怪潇湘馆的林妹妹，最难消受的正是春了。看来"宁可食无肉，不可居无竹"的雅士生活原则，也是要因人而异的。几日不见，樱桃已经结出小果子；野苇子春风吹又生了。看大堆的建筑垃圾也有趣味，只要它们堆积得时间久一些，便有野草野藤悄然攀爬，默默地展开怀抱，大有呵护的意味，便觉得草木真是有情意的东西啊！

就这样，我每次甩手闲逛，每次都是快活的。回到家里，我总是情不自

禁地说："太好了！"是什么太好？我要说："是一切！是眼睛看到的，是手摸到的，是鼻子闻到的，是心里想到的。是在学会放弃身外之物，这就是好。"一个人身外之物越少，精神空间就越大；物质越少，累赘就越小。

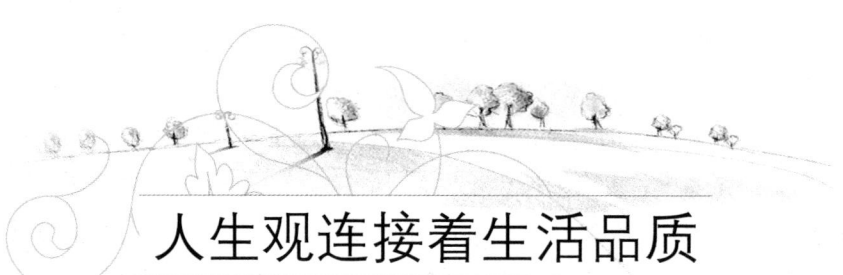

人生观连接着生活品质

厄尼·J.泽林斯基 美国著名的专业顾问和演讲人，一生致力于商业和休闲领域，推广其具有创造性的工作方法和生活模式。代表作有《你能不能不工作》《懒人非常成功》等。

　　两个不同的人遇到同样的情况时，一个人会把它当做祝福，另一个人却可能把它视为诅咒。这就是为什么有人会放弃价值数百万的财富，不屑地认为："有什么了不起的，只是钱而已，我依然是我。"与此相比，一个百万富翁则会为了一张20美元的公园门票，不惜放弃几个晚上的睡眠时间。这两种情况之间的差别，就在于两个人看待问题的角度有所不同。

　　通过改变对事态的观察角度，大多数不利的状况就会立即有所改变。改变对事态的观察角度，取决于我们是否有能力挑战自己的观念，让思想变得灵活起来。大多数人都没有花时间去反思自己正在想些什么，或者为什么想要采用某种方式。为了能够改变观念，我们必须改变自己的想法。通过挑战自己的思想，我们会为新鲜的观念和更健康的生活态度搭建起发挥作用的舞台。

从不向我们思考问题的方式提出挑战至少会有两种潜在的害处：首先，我们可能会被限制在一种观点里面，看不到其他可能会更合适的方法；第二，我们采纳的是那种当时比较合适的观点，但是时间在不停地流逝，随着时间的变化，事情也会发生变化，最初的观点会变得不再合适，但我们会仍然坚持用那种最初的、过时的观点来看待问题。

通过改变对事态的观察角度，你也可以改善自己的生活质量。这并不是因为现实或问题的轻重程度有所不同，而是因为你的选择有所不同，这种选择决定了你如何去看待问题的严重性。你可能无法改变自己的环境，但可以控制自己如何对它们作出反应。有些事情没有按照你希望的方向发展，不要对这种实际情况求全责备。过去发生的任何事情都应该忘掉，也不要看重会给你的将来带来什么影响。无论以前发生了什么，总是有可能重新开始并出现巨大变化的。

当你无法改变环境的时候，要试着改变一下自己的观点。不能让环境或事件影响你的情绪。消极的想法往往会带来消极的结果。关注事情的消极面，你就会在自己的生活里制造出消极的因素；关注事情的积极面，你就会得到积极的动力。用积极的方式看待不利的状况，你就会发现一些机会，可以将不利的条件转变成有利的条件。

重要的是，要为好坏情况都做好准备。无论是什么状况在影响和主导你的生活，你总能控制自己如何对环境作出回应。有了希望进行改变的态度，障碍就会变成机会。你可以改变自己的态度，虽然世界依然保持不变，但情况看上去似乎变得更明朗、更让人感到高兴了，充满了变好的可能性。而在态度改变之前，这些可能性本来是不存在的。

改变生活质量的最佳方式，就是改变对生活的看法。你永远不会知道明天将要发生什么，但你可以改变对生活的美满程度。利用你对生活的乐观和热情，把一个阴霾的早晨变成一个美好的黎明，在乌云密布的日子里创造出自己的阳光灿烂。即使是最令人沮丧的事情，也要努力用积极的方式来对待。你的想法决定了你的幸福，也会影响到你的健康。最终，你的想法会决定生活的全部意义。

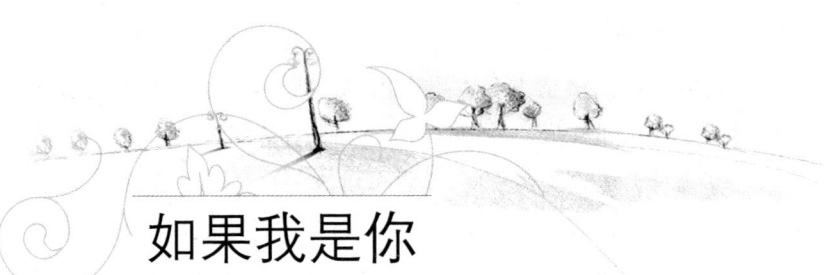

如果我是你

□ （台湾）三　毛

> 三毛（1943~1991）　女，原名陈平，生于重庆，浙江定
> 海人。台湾作家。曾定居西属撒哈拉沙漠迦纳利岛，并以当
> 地的生活为背景，写出一系列情感真挚的文学作品。代表作
> 有《撒哈拉的故事》、《稻草人手记》、《梦里花落知多少》、《滚
> 滚红尘》等。

不快乐的女孩：

从你短短的自我介绍中，看来十分惊心，二十几岁正当年轻，居然一连串地用了——最底层、贫乏、黯淡、自卑、平凡、卑微、能力有限这许多不正确的定义来形容自己。

以我个人的经验来说，我也反复思索过许多次，生命的意义和最终目的到底是什么，目前我的答案却只有一个，很简单的一个，那便是"寻求真正的自由"，然后享受生命。

不快乐的女孩，你的心灵并不自由，对不对？当然，我也没有做到绝对的超越，可是如你信中所写的那些字句，我已不再用在自己身上了，虽然我们比较起来还是差不多的。

如果我是你，第一步要做的事是加重对自我的期许与看重，将信中那一串又一串自卑的字句从生命中一律扫除，再也不轻看自己。

你有一个正当的职业，租得起一间房间，容貌不差，懂得在上下班之余更进一步探索生命的意义，这都是很优美的事情，为何觉得自己卑微呢？你觉得卑微是因为没有用自己的主观眼光观看自己，而用了社会一般的功利主义的眼光，这是十分遗憾的。

一个不欣赏自己的人，是难以快乐的。

当然，从你的来信中，很容易想见你部分的心情，你的表达能力并不弱，由你的文字中，明明白白可以看见一个都市单身女子对于生命的无可奈何与悲哀。这种无可奈何，并不浮浅，是值得看重的。

很实际地说，不谈空幻的方法，如果我住在你所谓的"斗室"里，如果是我，第一件会做的事就是布置我的房间。我会将房间刷成明亮的白色，在窗户上做一个美丽的窗帘，在床头放一个普通的小收音机，在墙角做一个书架，给灯泡换一个温暖而温馨的灯罩，然后去花市仔细地挑几盆看了悦目的盆景放在房间的窗口。如果仍有余钱，我会去买几张名画的复制品——海报似的那种，将它挂在墙上……这么弄一下，以我的估价，是不会超过4000台币的，当然除了那架收音机外，一切自己动手做，就省去了工匠费用，而且生活会有趣得多。

房间布置得美丽，是享受生命改变心情的第一步，在我来说，它不再是斗室了。然后，当我发薪水的时候——如果我是你，我要用极少的钱给自己买一件美丽又实用的衣服。如果我觉得心情不够开朗，我很可能去一家美发店，花100台币修剪一下终年不变的发型，换一个样子，给自己以耳目一新的快乐；我会在又发薪水的下一个月，为自己挑几样淡色的化妆品，或者再买一双新鞋。

你看，如果我是你，我慢慢地在变了。

我去上上课，也许能交到一些朋友，我的小房间既然那么美丽，那么，也许偶尔可以请朋友来坐坐，谈谈各自的生活或梦想。

慢慢地，我不再那么自卑了，我勇敢接触善良而有品德的人群（这种人在社会上仍有许多许多），我会发觉，原来大家都很平凡——可是优美，正如自己一样。我更会发现，原来一个美丽的生活，并不需要太多的金钱便可以达到。我也不再计较异性对我感不感兴趣，因为我自己的生活一点一点地丰富起来，自得其乐都来不及，还想那么多吗？

如果我是你，我会不再等三毛出新书，我自己写札记，写给自己欣赏，我慢慢地会发觉，我自己写的东西也有风格和趣味，我真是一个可爱的女人。

不快乐的女孩子,请你要行动呀!不要依赖他人给你快乐。你先去将房间布置起来,勉励自己去做,会发觉事情并没有你想象的那么难,而且,兴趣是可以寻求的,东试试西试试,只要心中认定喜欢的,便去培养它,成为下班之后的消遣。

可是,我仍觉得,在这个世界上,最深的快乐,是帮助他人,而不只是在自我的世界里享受——当然,享受自我的生命也是很重要的,你先将自己假想为他人,帮助自己建立起信心,下决心改变一下目前的生活方式,把自己弄得活泼起来,不要任凭生命再做赔本的流逝和伤感,起码你得试一下,尽力去试一下,好不好?

享受生命的方法很多很多,问题是你一定要有行动,空想是不行的,下次给我写信的时候,署名"快乐的女孩",将那个"不"字删掉好吗?

你的朋友　三毛

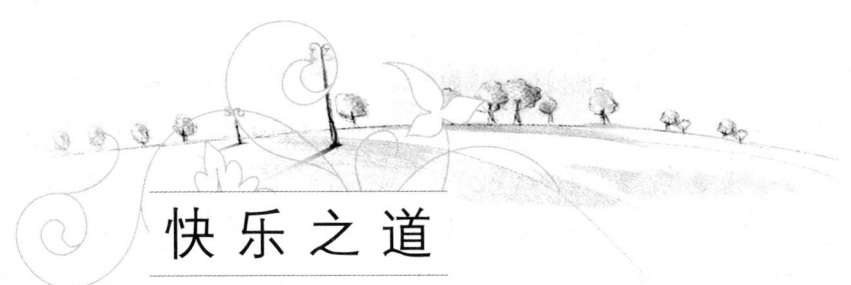

快 乐 之 道

□[英]罗　素　汪淑钧　郑昌珏/译

罗素(1872~1970)　英国哲学家、数学家、逻辑学家。主要著作有《哲学原理》、《哲学问题》、《数学原理》、《西方哲学史》、《论教育》等。1950 年获诺贝尔文学奖。

道德家们常说:快乐靠追求是得不到的,只有用不明智的办法去追求才是这样。蒙特卡洛城的赌徒们追求金钱,但是多数人都会把钱输掉,而另外一些追求金钱的办法却常会成功。追求快乐也是一样，如果你要通过喝酒来追求快乐，那就是记忆了酒醉后的不适。伊壁鸠鲁追求快乐的办法是只和志趣相投的人一起生活，同时只吃不涂黄油的面包，节日才加一点儿乳酪。他的办法在他来说是成功的，但他是个体弱多病的人，而多数人需要的是精力比较充沛。就多数人来说，如果没有其他各种补充办法，这样追求快乐就过于抽象和脱离实际，不适宜作为个人的生活准则。不过，我认为不管你选中什么样的生活准则，除了一些罕见的和英雄人物的例子外，都不应该是和快乐不相容的。

很多人拥有享受快乐的全部物质条件，即健康和充足的收入，可是他们非常不快乐；就这种情况来说，问题出在关于生活的理论不正确，在某种意义上可以说任何关于生活的理论都是不正确的。我们和动物的区别并没有我们想象的那么大，动物是凭冲动生活的，而且只要客观条件有利，就会快乐。如果你有一只猫，它只要有东西吃，感到暖和，有时晚上能得到机会去寻乐，就会很快活。你的需要比你的猫要复杂一些，但还是以本能为基础的。在文明社会中，特别是在讲英语的社会中，这一点很容易被忽视。

人们给自己定下一个最高的目标，凡是不利于实现这个目标的冲动都加以克制。一个商人可能因为想发财以致不惜牺牲健康和爱情。他终于发了财，可是除了苦苦劝人效法他的好榜样，搅得别人心烦外，他并没有得到快乐。很多有钱的贵妇人，尽管自然并未赋予她们任何欣赏文学或艺术的兴趣，却决意要使别人认为她们是有教养的，于是情愿花费很多时间学习怎样谈论某些流行的新书。这些书写出来是要给人以乐趣的，不是可以让人贸然假充内行的。

你只要注意一下周围那些可以认为是快乐的男男女女，就会看出他们有某些共同之处，其中最重要的共同点是：有某件事情常常使他们乐意去做，并且逐渐使他们的某种愿望得以满足。生性喜爱孩子的妇女能够从抚养儿女的工作中得到这种快乐。艺术家、作家和科学家如果对自己的工作感到满意，也能得到这样的快乐。不过，这种快乐的形式有不少是比较平常的。许多在城市里工作的人在周末自愿为他们的庭园做无偿的劳动，到了春天就尽情享受自己创造的美景带来的快乐。

在我看来，整个关于快乐的题目探讨一向都太严肃了。过去一直有这样的看法：如果没有一种生活的理论或者一种宗教，人是不可能快乐的。

也许由于理论不对头以致不快乐的人需要一种较好的理论帮助他们重新快活起来，就像你生过病需要吃补药一样。但是，在情况正常时，一个人应当是不吃补药也会健康，没有理论也会快乐的。真正有关系的是一些简单的事情。如果一个人喜欢他的妻子儿女，工作又很顺利，而且无论白天黑夜，春去秋来，总是感到高兴，则不管他的理论如何，都会是快乐的；另一方面，如果他讨厌自己的妻子，对孩子们的吵闹也觉得受不了，而且害怕上班，如果他白天里盼望夜晚，到了晚上又盼望天明，那么，他需要的就不是一种新的理论，而是重新安排生活——改变饮食习惯，多锻炼身体等。

人是一种动物，他的快乐取决于生理状况的时候多于他的思想状况。这是个很不高雅的结论，然而我不能不相信。我确信这一点：不快乐的人要靠找到新的理论来使自己快乐，还不如每天步行 6 英里更有用。

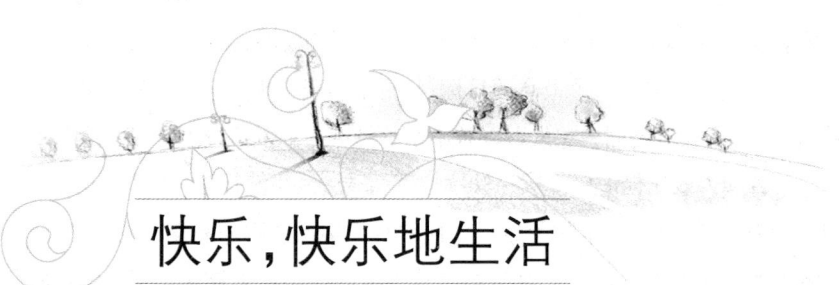

快乐，快乐地生活

□闾丘露薇

闾丘露薇 女，1969 年生于上海，1992 年毕业于上海复旦大学哲学系，后移居香港。1997 年加入凤凰卫视，成为知名主播和新闻记者，曾采访过多项大型活动和重大国际事件，包括克林顿、布什访华，江西抗洪，长江水灾，香港、澳门回归等。

快乐对于我来说，非常的简单。就像现在，北京的酷暑天。刚刚打完一场球，冲了一个热水澡，虽然外面的气温很高，晚上十一点多了，还是差不做好人，眼前觉得不便宜，总算来是大便宜；做不好人，眼前觉得便宜，总算来是大不便宜。

——[明]高攀龙

多30摄氏度，但是我坐在有空调的房间，一边听着我最喜欢的爵士音乐，一边写这些东西，我觉得我的人生是非常快乐的，因为我按照自己的设想和安排生活着。

我是一个很容易变得非常快乐的人。一个月没有回到公司总部，很久没有看到我的同事，特别是我的几个好朋友，结果当我回到公司的时候，我的一个好朋友已经在门口等我，看到我之后，首先给了我一个拥抱。她的这个拥抱给了我一整天的好心情，我知道她看到我真的非常的高兴，而快乐，原来是可以传染的。

2001年11月，因为我的职业，我到了阿富汗，第一次看到了战乱当中的人们。对于大部分阿富汗人来说，他们不希望看到战争，但是却必须面对。在那里，我亲眼看到战争给人类带来的伤害，看到生活在不知道未来的日子里面是多么的可怕。我甚至不敢设想，如果是我，在这个地方，我怎样生存下去。

在我去之前，我想象我遇到的每一个阿富汗人，都会用忧郁而绝望的眼神看着我，但是结果我完完全全错了。

我的司机，一个因为战争磨炼，看上去好像有60岁，但其实只有40岁的游击队员，开车的时候，总是能够听到他快乐的歌声。虽然我不知道他唱什么，但我听得出来，那些应该是快乐的歌。我还记得他的眼睛，眼神清澈而坚定，从来看不到对生活的埋怨。

我还记得午后的喀布尔，一无所有的穷人们唯一的享受，就是蹲在被炸得已经看不出原来的模样的土墙下，在阳光下取暖，因为在冬季的喀布尔，这是穷人们一天最暖和的时候。老人们身上保暖的，只有一条又可以当被子，又可以当大外套的薄薄的毛毯，和土墙差不多的颜色，于是我可以清晰地看到，他们手里面那朵紫红色的玫瑰。老人们拿着玫瑰，在手里面悠闲地转啊转，不时地把玫瑰送到自己的鼻前，深深地闻一闻玫瑰的香气。

在我第三次到阿富汗的时候，我们的车队在一次长途行程当中抛锚了，我们坐在车里面心急如焚，不知道到底什么时候才能够等到救援的车。就在等待的时候，保护我们的几个阿富汗士兵，就在马路上边唱边跳起来，他们的歌声和舞姿也感染了我们，等候一下子变得不重要，最后已

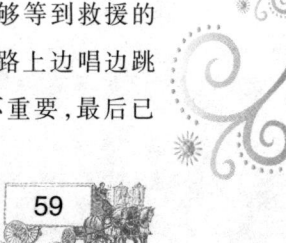

经被我们忘记了。

2003 年，到了伊拉克，这一次看到了真正的战争，看到了炮火下的巴格达。但是我看到的，依然是认真生活着的人们。让我到现在还不能忘记的，是我的翻译在枪声当中，花了半个小时，亲手调配的那杯咖啡。

我还记得，落日下，那几个美国小兵，在高高的碉堡上面，放下沉重的枪支，一遍又一遍看着家乡亲人的来信，用有点儿亢奋的语调，和我讲着家乡的女朋友的故事。

虽然我没有到过波斯尼亚，但是我看过这样的纪录片。那里的人们，每天起床的第一件事情，是相互亲吻，祝贺大家在今天还活着。而那里的大学生们，每天到了学校，就会一起喝咖啡庆祝，又可以度过一天。那里的女人，大部分的时间是在美容院里面，她们唱歌跳舞，因为她们希望，即使生命是短暂的，但是她们度过的每一天都是快乐的。

面对这样的人，我时常感到惭愧。

和他们相比，我们是幸福的，虽然我们要面对其他不同的压力，经受其他的挫折，于是很多人觉得，快乐变得越来越奢侈，越来越难找到。但是还有什么困难能够和随时失去生命相提并论呢。

这些普通人，这些在我们的眼中悲惨地生活的人们，教会我学会珍惜，教会我认真地生活，自尊地生活，快乐地生活！

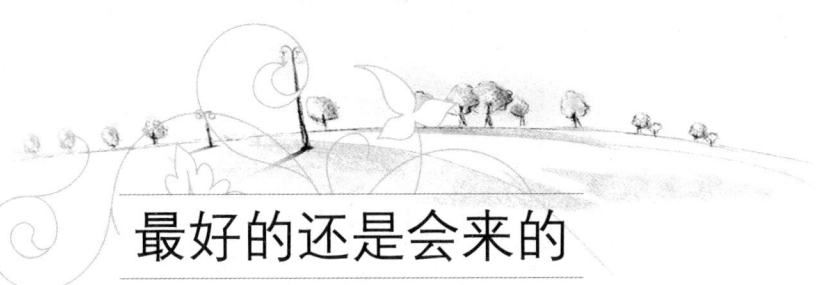

最好的还是会来的

□[美]吉姆·斯图弗　李荷卿/编译

我有一个多年的老朋友，每次和他谈话或者通信，他最后都会来一句"最好的还是会来的"。这句话虽然只是美好的祝愿，但却令人非常愉快。而且，它还给人留下了积极的期待，让人觉得"今天是一个好日子"。

评定一个人生命质量的重要因素并不在于这个人的身体有多老，思想有多落后，而是在于他的精神状态是否健康、更新速度是否够快。我们都知道，有的人才二三十岁，精神状态却已经很老了；而另一方面，有的人已经八九十岁了，但仍然有一颗年轻的心，生活仍然充满活力。这两者之间的不同之处就在于是否具备"最好的还是会来的"的观念。

我们一旦开始认为最好的时光或者生命中最辉煌的事情已经过去了的时候，我们的心态就会衰老。我们开始怀念过去，而不是展望未来；而另一方面，不管我们年龄有多大，只要我们认为"最好的还是会来的"，那它就会变成一个注定会实现的预言，并且让我们相信未来会更加美好。

我跟许多生活的赢者交流过经验。他们的实例告诉我们，一个人能不能快乐取决于三个因素：有事做、有人爱及有所期待。如果我们坚信"最好的还是会来的"，那我们就会有所期待。而最终我们会发现，在这三个因素中，这一点是最容易做到的。

我们都过过艰苦的、难过的日子。不同之处在于我们如何看待这些经历。有些人把困难当做生活中的正常过程；有些人则把困难当做生活中短暂的插

61

曲,相信困难过后就会有令人兴奋的事情发生,就会有更好的日子到来。

记住,我们并不总是能得到自己想要的、需要的。但最终,我们确实得到了自己所期望的。怀着最高期望度过今天吧,你就会像我的朋友一样,发现"最好的还是会来的"。

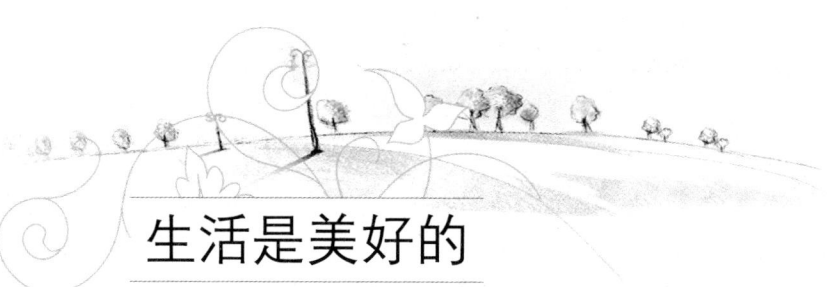

生活是美好的

□[埃及]艾哈迈德·哈桑·齐亚特

生活是美好的,只有被称为人的这类动物歪曲了生活之美。因为人类并未像其他万物生灵那样循着天定正途、大自然的引导和真主的启示生活,而是按其自定法则生活,这些法则乃是其依据唯我主义、狂妄自大和个人好恶随意制订的。所以,他常对同类行恶,与异类为敌。

或许兽类会为食色而相互残杀,鸟类会为食色而相互撕咬,但那种残杀和撕咬只是短暂的行为,既无预谋,亦无后仇,更没有伴随其后的罪恶。而人类与之不同,他是平安之中的浑浊,生活之中的灰尘。他有记忆力,所以对往事念念不忘,将仇怨牢记在心;他有洞察力,所以常为自己制造布满恐惧的未来。他的现在是永无休止、永不停歇的激烈厮杀,他要么为记忆中昨天的旧恨复仇,要么为预见中今天的食物而不择手段地攫取,要么为想象中明天的恐惧而小心防范。

生活是美好的,比之更美好的是生灵,是能够感受、品尝、体会这种美好并以其点缀自身的万物生灵。鸟儿美于花园,因为它懂得怎样将花园中的五颜六色装点到自己的羽毛上,将花园中的乐曲集于自己的鸣叫;狮子美于森林,因为它能够使森林的威严活生生地体现在它的威严之中,将森林的雍容和庄重体现在它的雍容和庄重之中;骆驼美于沙漠,因为它使自己存于大漠之间,使大漠中的山丘化为它的形体,将大漠的黄沙描绘在它的肤色之中;鲸鱼美于大海,因为大海是它生命的一部分,平静的海水、汹涌的波涛和湍急的水流便是构成它这部分生命的内涵。

仿佛大千世界之中的万物生灵都在追随着大自然,受其影响,与其同步共进。只有人类例外,因为他们偏离了主在创造他们时为他们确定的正途,主便只好专为他们派遣先知和使者,为他们开办学校提供经书,但光明怎能照进盲人之眼,雷声又焉能震动聋子之耳!

生活是美好的,它的美并不局限于某个民族而不惠予另一个民族,亦不局限于某个阶层而不惠予另一个阶层。它的美是主在上天与下界撒播的艺术灵光。让我们全身心地追寻,尽情地享受吧!凡有听觉、视觉和感觉的人,都会在每一个景致中发现美,都会在每一个地方感受到美。那些对生活之美熟视无睹的人,生活的自然之花在他们身上已然枯萎,他们的感官已麻木,所以,存在于他们和世间万物之间的真实和正确的思维纽带已断裂。

美是大自然保护生活、保存生命本质的手段,它以美使离散的东西重新聚合,使离散的生灵重新会聚。同时,美是内心的愉悦,是心灵的光环,是精神的慰藉。谁的感觉和意识中充满了美,那他就会青春永驻,处处是春天!

生活是美好的,美的感受,其表现是欢乐与幸福。你会看到,哪儿笼罩着暮气与忧伤,哪儿的生活便是被疲惫所困扰,被丑恶所蚀化,被邪恶所败坏,那里生灵的悟性便会死亡,或者美丑被倒置,善恶被颠倒。大自然之美须由心灵之美去感应,生活的清纯须由心灵的清纯与之对应。对于那些感觉阴暗、暮气沉沉的人来说,生活的醇美他们是永远品尝不到的。

要成为心灵美的人,应视万物皆美,包括原本丑的东西。何时你意识中充满了美的感觉、美的感受,世界便会在你心中显得无比美好,苦味杏在你口中便会变得甘之如饴,苦酿便会在你口中变成玉液琼浆,你会情不自禁地向往去尼罗河和乡村一游,同鸟儿一道鸣唱,同蝴蝶一道飞舞,同鱼儿一道戏水。你可同富翁们比富有,同他们赛欢乐。你可以自豪地对他

们说：美好产生出来的幸福远远超过金钱产生出来的幸福，金钱属于你们，你们只能自己享用，而美好则属于主，它施与众人！

生活是美好的。生活之子啊，你是这美好的继承者，你为何将头扭向别处，对它视而不见，将忌妒和仇视的目光投向那些生活奢侈的人们？他们终日沉湎于享乐，或上山行猎，或雪地溜冰，或水中浮游。君不见，开罗市区和郊外，有着不可胜数的天然美景，向生灵撒播着无限的享受，这些美景和享受足以遏制你对富有的嫉恨，足以平缓你对生活的愤怒。这美丽的尼罗河在它神奇的两岸之间奔涌向前，为两岸平添了许多娇美。有谁能阻止平民百姓在尼罗河中泛舟荡桨，有谁能阻止他们乘舟劈浪戏水，又有谁能阻止在尼罗河两岸举行各种比赛盛会和娱乐集会？你可以任意在早晚哪个时分在尼罗河岸边徜徉，都会感到在笼罩着岸边和水中的无边静谧之中，尼罗河仿佛在人烟罕至的旷野上奔流。倘若没有横跨两岸之间的座座大桥，没有这些车马行人自东岸到西岸的必由之路，开罗人定会像赞颂穆盖塔木山那样赞颂它！

然而，我们生活中的懒惰、软弱、气馁以及沮丧等诸多不快的阴影统统抛到了尼罗河与花园岛上，从而使尼罗河像沼泽一般停止流动，使得花园岛像墓地一般静寂。所以，你看到人们默默垂首徜徉于尼罗河岸边或花园岛的花丛间，仿佛是在默默地注视或静静地反思中。

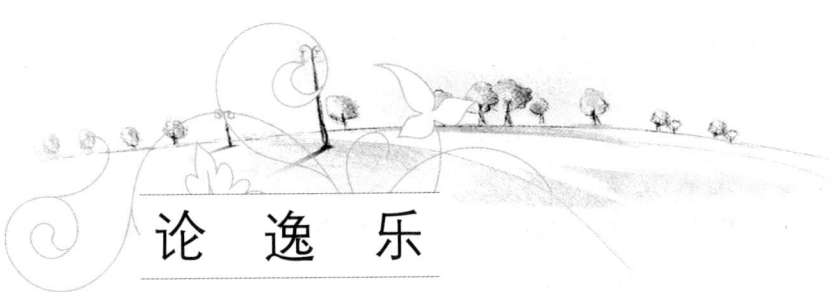

论 逸 乐

□[黎巴嫩]纪伯伦　冰　心/译

纪伯伦(1883~1931)　黎巴嫩诗人、散文家、画家。著有短篇小说集《草原新娘》、《叛逆的灵魂》，长篇小说《折断的翅膀》，散文诗集《先驱者》、《先知》、《沙与沫》、《人之子耶稣》、《先知园》，以及诗剧《大地诸神》等。

有个每年进城一次的隐士，走上前来说：给我们谈逸乐。

他回答说：

逸乐是一首自由的歌，

却不是自由。

是你的愿望所开的花朵，

却不是所结的果实。

是从深处到高处的招呼，

却不是深，也不是高。

是闭在笼中的翅翼，

却不是被围绕住的太空。

噫，实话说，逸乐只是一首自由的歌。

我愿意你们全心全意地歌唱，我却不愿你们在歌唱中迷恋。

第二辑　快乐藏在自己的内心

你们中间有些年轻的人，寻求逸乐，似乎这便是世上的一切，他们已被裁判、被谴责了。

我不要裁判、谴责他们，我要他们去寻求。

因为他们必会寻到逸乐，但不止找到她一人；

她有七个姐妹，最小的比逸乐还娇媚。

你们没听见过有人因要挖掘树根却发现了宝藏吗？

你们中间有些老人，想起逸乐时总带些懊悔，如同想起醉中所犯的过失。

然而懊悔只是心灵的蒙蔽，而不是心灵的惩罚。

他们想起逸乐时应当带着感谢，如同秋收对于夏季的感谢。

但是假如懊悔能予他们以安慰，就让他们得安慰吧。

你们中间有的不是寻求的青年人，也不是追忆的老年人；

在他们畏惧寻求与追忆之中，他们远离了一切的逸乐，他们深恐疏远了或触犯了心灵。

然而他们的放弃，就是逸乐了。

这样，他们虽用震颤的手挖掘树根，他们也找到宝藏了。

告诉我，谁能触犯心灵呢？

夜莺能触犯夜的静默吗，萤火能触犯星辰吗？

你们的火焰和烟气能使风觉得负载吗？

你们想心灵是一池止水，你能用竿子去搅拨他吗？

常常在你拒绝逸乐的时候，你只是把欲望收藏在你身心的隐处。

谁知道在今日似乎避免了的事情，等到明日不会再浮现呢？

连你的身体都知道他的遗传与正当的需要，而不肯被欺骗。

你的身体是你灵魂的琴，

无论它发出甜柔的音乐或嘈杂的声响，那都是你的。

现在你们在心中自问："我们如何辨别逸乐中的善与不善呢？"

到你的田野与花园里去,你就知道在花中采蜜是蜜蜂的逸乐;但是,将蜜汁送给蜜蜂也是花的逸乐。

因为对于蜜蜂,花是他生命的源泉,

对于花,蜜蜂是他恋爱的使者。

对于蜂和花,两下里,逸乐地接受是一种需要与欢乐。

阿法利斯的民众啊,在逸乐中你们应当像花朵与蜜蜂。

我的球星老爸

□ (香港) 谭咏麟

谭咏麟 1952 年生于香港。著名歌手。自 20 世纪 60 年代末温拿乐队红透香港开始,谭咏麟的艺龄已横跨了 60、70、80、90 及新世纪 5 个年代,连夺四届"香港最佳男歌手"奖。大力提携新人,如四大天王、李克勤、许志安等皆得其指点,乐坛尊称谭校长。

提起我的爸爸谭江柏,他的威名在香港简直是无人不知、无人不晓,他被人封为"谭铜头",凭这个封号就可想而知爸爸的头球工夫不简单。每次报道上写爸爸的名字时,在前面都要加上"著名的球星"五个字,因为他的球技超级厉害。1936 年,爸爸就曾以中国国家足球队队员的身份代表中国参加在柏林举办的第 11 届奥林匹克运动会。

我是家中唯一的男孩,上面有两个姐姐,下面还有三个妹妹,全家八口人都要靠爸爸一人的收入来支撑。我的童年生活是在香港一个叫北角健康村的地方度过的。虽然很清贫,但每天的生活却非常快乐。有时外面下着大雨,房子里面就开始下小雨,我和妹妹一边把屋子里的雨水向外淘,一边打水仗,最后每个人都被泼得像是落汤鸡一样。但爸爸不会骂我们,他说爱玩是小孩的天性,只要不玩一些危险的游戏就行。

确实如此,爸爸给了我们足够的自由,但这并不表示他不严厉,一旦他发起脾气,那可不是闹着玩的。爸爸对我们的管教很严,比方说吃饭的时候要先等长辈动筷小孩才能吃,而且不能因自己喜欢吃哪个菜就不管别人任性地吃,要是被发现,就会遭到爸爸打手掌的惩罚。就因为家中只有我一个男孩,所以凡是打架只要有我参与,那个挨打最重的人肯定是我。

小时候我的个子长得矮,所以一和三个妹妹打架,反而被她们打得落花流水,我就在心中安慰自己说:"好男不和女斗。"然后转身跑出去和别的小孩玩。一次,我和妹妹们因争夺一杯汽水又打了起来,这次的我不知道哪来的力量,竟变得异常"英勇顽强",把二妹和三妹打倒在地。顿时哭声一片。我们的打斗声惊动了爸爸,他一进来,看见二妹脸上清晰可见的手指印和三妹被弄脏的衣服,冲着我就过来,大声说:"她们是不是被你打哭的?""是,可是我……"我的解释还没有说出口,爸爸的"铁拳"已打到我的腿上(他从不打孩子的脸),痛得我当场放声大哭,就这么一下,我的腿整整好几周都不能去踢球,因为这件事,我在心里暗暗说:"以后我再也不理这个坏爸爸了。"过了几天,爸爸领我到球场去看他踢球,还买了很多好吃的来哄我,我本来就不是一个爱"记仇"的人,再加上这些小恩小惠,所以在心里早就原谅了他。

爸爸曾把我们叫到一起说:"我不能给你们留下一座金山银山,但我要教给你们做人的道理。不管今后要做什么,先要学会的是怎样做人,懂得尊重他人,而且心胸要豁达,不要计较名利得失,这样你才会快乐。"在爸爸的眼中,就算是再困难的事也一定会挺过去的,这就像是在球场上比赛一样,不到最后一刻绝不能认输。香港人就是凭着一个"拼"字才走到今天的。我身上的乐观因子完全是得自爸爸的遗传,而他的这句话令我一生都受用。

爸爸把他的聪明才智和百折不挠的精神都赋予了我,但他高超的球技我却一点儿也没学到，这也是我最大的憾事。我一直不愿意承认我的球技水平不高，尽管面对空门只有一步之遥，我还是能把球踢飞。最开始有我上场参加比赛时，爸爸还前来为我加油助阵。后来他实在是看不下去了，无论我怎么动员他，他都不肯再看我在他面前现眼。年少轻狂的我一输球，就会不高兴。爸爸对我说："踢球要赢得起更要输得起，一上场你代表的就不是自己一个人，而是整个球队。如果连这点儿风度都没有，那你以后就不要再踢足球了。"现在的我无论输赢，都能以一种比较平和的心态面对。

再后来我进入娱乐圈，当歌手，对我的选择，爸爸既不支持也不反对，但他告诫我凡事都不要强求，能进能退，就像踢球一样，不要以为一上球场就能当主力队员，要一步步努力；也不要当上前锋就觉得最威风，而把你放到替补队员的位置就气馁，要做到宠辱不惊。

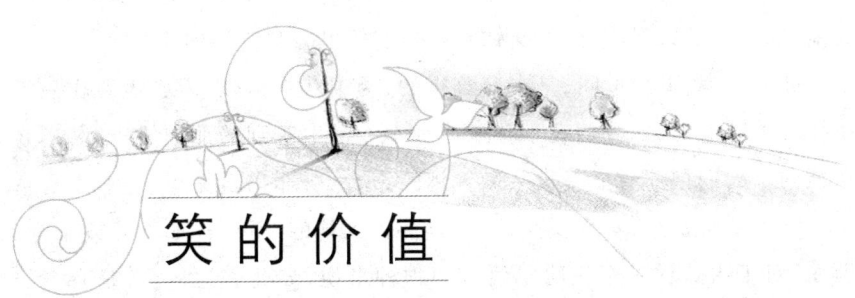

笑 的 价 值

□ [英]伍尔夫

伍尔夫(1882~1941)　女，英国小说家、评论家和散文家。主要作品有《墙上的斑点》《海浪》《到灯塔去》《雅格的房间》和《达洛卫夫人》，散文集《普通读者》两部。她的小说创作推动了现代小说的发展，创作理论进一步巩固了意识流小说的地位，在文学上的影响经久不衰。

有一种老观念，认为喜剧表现了人性的缺陷，而悲剧则把人描绘得比

其本来面目更为崇高。要如实地写人，似乎就得在这两者之间取乎其中，其结果，便是某种说喜剧又太过严肃，说悲剧又不够完美的东西，这，我们可以管它叫幽默。据说，幽默这种东西，是妇女不可企及的。妇女要么是悲剧式的，要么是喜剧式的。而那造成一位幽默家的特殊合成，只有在男人身上才能找到。不过，进行实验总是要担风险的，男性体操健将为了获得幽默家的高瞻远瞩，登上他的姐妹们可望而不可即的塔尖，站在那儿保持平衡，却时常会丢人现眼地歪向一边，不是一头栽进小丑的滑稽表演，就是摔落到一本正经的平庸硬地上，那儿，说句公道话，才真是他悠闲自在、得其所哉的场所。或许，悲剧这种必不可少的要素，在莎士比亚的时代并不那么平庸，因此，现今人们必须拿出一种体面的替代物，它抛开了血和剑，而换成头戴高顶礼帽，身着长礼服，这时它才显得神采奕奕，仪态万方。这，我们可以称之为庄严精神。如果精神具有性别的话，那么这精神无疑是男性的。喜剧呢，它是属于风雅女神和文艺女神的性别。当那位庄严的绅士迈步上前致以问候时，她望他一眼，不禁哑然失笑，再望一眼，便笑得前仰后合，不能自已，于是只得跑开，一头钻到姐妹们怀里去藏起她的笑。

可见，幽默来到世间，是十分难得的，为了获得幽默，喜剧需要作一番拼搏。单纯的笑，如我们在小孩子或痴女人嘴上听到的那种笑声，名声是糟糕的。人们把那看成是傻气和轻佻的声音，既非出自见识，也非发自情感。它不携带信息，不提供知识；它是一种无词的发声，犹如狗吠或羊咩，因而，对于人这样一个发明了语言的物种来说，如此表达自己，是有失身份的。

然而，有一些事物，是在语言之外却又不亚于语言的，笑，便是其中之一。因为，笑尽管没有言词，却是除人以外任何动物都发不出来的。

一只狗，躺卧在炉前地毯上，因痛苦而呜咽或因欢乐而吠叫，我们自会明了它的意思，而不觉有什么怪异之处；然而，设若它放声开怀大笑呢？设若，当你走进房间，它不是用摇尾吐舌来表示见到你时应有的欢愉，而是发出一串格格的笑声——咧着大嘴笑——笑得浑身直哆嗦，显出极度开心的种种神态呢？那样，你的反应必是惊惧和恐怖，如同听到禽兽口吐人言一般。高于我们人类的存在物发出笑声，我们也同样无法设想。笑声，似乎主要是而且纯然是属于男人和女人的。笑是我们内在的喜剧精神的流九牛一毫莫自夸，骄傲自满必翻车。历览古今多少事，成由谦逊败由奢。

——陈 毅

露，而喜剧精神则涉及怪癖、反常和偏离世所公认的常规的行径。喜剧精神通过突如其来的自发的笑加以评论，而这笑是因何而起，我们几乎莫名其妙，它何时发生，也难以说清。如果我们花点儿时间好好想一想，把喜剧精神打下的这种印记作一番剖析，我们无疑会发现，大凡表象为喜剧的事物，基本上都是悲剧性的；当我们唇边露出微笑时，眼里却已热泪盈眶。这一点——这是班扬说过的话——原是世所公认的幽默的定义。

但喜剧性的笑却不携有眼泪的重负。再说，和真正的幽默相比，喜剧性的笑虽功能较微，但它在生活和艺术中的价值却怎样估计都不为过。幽默是顶峰；只有最罕见的才智才能登上塔尖，鸟瞰整个人生的全景。而喜剧则徜徉于大街小巷，反映着琐细的偶发的事件——它那面明察秋毫的小镜子，映照出在它前面走过的人们身上无伤大雅的瑕疵和怪癖。笑这种东西，比其他任何东西都更能帮助我们保持平衡感；它时时都在提醒着：我们不过是人，而人，既不会是完美的英雄，也不会是十足的恶棍。一旦我们忘却了笑，看人看事就会不成比例，失去现实感。狗们不会笑，倒也是件幸事，因为，假如它们会笑，它们就会意识到，做一只狗，会受到多么严重的局限。男人和女人呢，在文明的水准上恰恰够一定的高度，有资格被委以理解自己的弱点的能力，并且被赋予嘲弄这些弱点的工具。然而我们，由于受到一大堆生硬笨重的知识的压迫，现正面临着丧失这种宝贵特权，或者把它从胸中挤出去的危险。

要做到能够嘲笑一个人，你首先必须就他的本来面目来看他。财富、地位、学识等这一切身外之物，都不过是一种浮面的积累所得，切不可让它们磨钝喜剧精神那快刀割肉的利刃。孩子们往往比成年人更具识人的慧眼，这已是惯见的事，而且我相信，妇女对人的性格的裁夺，就是到了末日审判那天也不致被否决。可见，妇女和儿童，是喜剧精神的主要执行官，这是因为，他们的眼睛没有被学识的云翳所遮蔽，他们的大脑也没有因塞满书本理论而窒息，因而人和事依旧保存着原有的清晰轮廓。

我们现代生活中所有那些生长过速的丑恶的赘疣，那些华而不实的矫饰，世俗因袭的正统，枯燥乏味的虚套，最害怕不过的就是笑的闪光，它有如闪电，灼得它们干瘪蜷缩起来，露出了光森森的骨骸。正因为孩子们的笑具有这样的特性，那些自惭虚伪不实的人才惧怕孩子；或许也正是由于

同样的原因,在以学识见长的行当里,妇女们才遭人白眼相待。她们之所以危险,是因为她们会嘲笑,就像汉斯·安徒生童话中那个孩子,当长辈们都朝着国王的那件并不存在的辉煌袍服顶礼膜拜时,他却直说国王是光着身子的。我们的大作家们以华美的词章而扬名,我们的小作家们则堆砌词藻,陶醉于多愁善感的缠绵情调,这便在下层人们中造成那些耸人听闻的招贴画和哭哭啼啼的通俗剧。我们热衷于参加葬礼,探望病人,远胜于参加婚礼和喜庆;我们头脑中总摆脱不掉一个信念,认为眼泪里含有某种美德,而黑色是最相宜的服色。真的,没有什么比笑更难做到,但也没有什么比笑更难能可贵的了。

笑是一把刀,它既修剪,又整枝,它使我们的行为举止、言辞文笔合乎分寸,真挚诚恳。

第三辑
诚信是选拔人才的第一标准

　　有一次，曾子的妻子要去赶集，孩子哭闹着也要去。妻子哄孩子说，你不要去了，我回来杀猪给你吃。她赶集回来后，看见曾子真要杀猪，连忙上前阻止。曾子说，我们大人说话不算话，以后有什么资格教育孩子呢？说着，就把猪杀了。

　　培根说："诚实守信是为人处世的第一原则。"不管身在何处，涉世未深还是经历世事变迁，只有诚实守信才能守住心灵的契约，赢得做人的尊严，而最终成就一番大业。

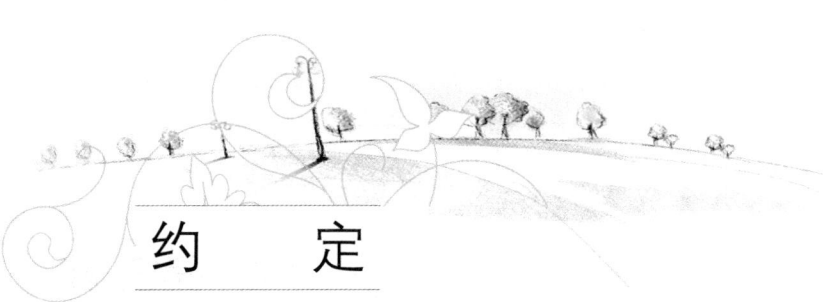

约　定

□柳　青

柳青（1916~1978）　原名刘蕴华,陕西吴堡人。现代著名小说家。自 20 世纪 30 年代开始文学生涯。主要文学作品有短篇小说集《地雷》、《牺牲者》,长篇小说《种谷记》、《铜墙铁壁》、《创业史》（第一、第二部）,中篇小说《狠透铁》,散文特写集《皇甫村的三年》、《柳青小说散文集》等。

在杭州求学时,因为弘一法师李叔同一句:"你的画进步很快,在我所教的学生中,从来没有见过这样快速的进步。"丰子恺说,他从此确定了自己一生的志向。

1928 年,丰子恺决定画 50 幅护生画为弘一法师 50 岁祝寿。老师嘱咐他,画集应画得通俗,以优美柔和的情调,让阅者发凄凉悲悯之感。一年后的 2 月,《护生画集》第一集在上海出版,弘一法师题词写得通俗:"发愿流布《护生画集》,盖以艺术作方便,人道主义为宗趣。"这一评价,几乎成为丰子恺一生的画作的写照。

谁曾想,为报师恩的发愿之作,将成画家一生的责任。

1937 年底,日本人在杭州湾登陆时,丰子恺正在书房里画《漫画日本侵华史》。日军大轰炸过后,丰子恺带着十几口人挤上一条小船,万里流亡路一走就是 9 年。小舟里,丰子恺彻夜难眠,他担心没有完成的《漫画日本侵华史》会连累一船人，只好把画稿丢在了河里。这个文弱书生拖家带口逃去桂林，一路上，他的画笔记录下背井离乡所遭受的苦难和恐惧，也记录下这人间难以愈合的创伤。

1939年，广西也遭轰炸。这年恩师李叔同60岁了，流亡的丰子恺完成了《护生画集》第二集，60幅画作。经历家仇国难，目睹无数生灵涂炭，纵是如此，他的这本画集却优美静谧，全篇没有任何刀枪杀戮。他画的，是他心中深藏的美丽自然和纯真善良的人间，那个世界里任何生命都能够得到尊重，心灵可以得到安宁。

收到画集的弘一法师回信道：希望在70岁时，收到第三集70幅，80岁时第四集80幅，90岁时第五集90幅，100时满百幅。战乱中丰子恺给老师回信——世寿所许，定当遵嘱。这八字，许下的是将要绵延40年的诺言。

不到三年，弘一法师在福建圆寂。丰子恺依然坚守承诺，以他博大慈爱之心，作至纯至善之画，应答沧桑变化的人世间。

1949年4月，丰子恺带着《护生画集》第三集70幅画稿，来到上海，迎接一个新的时代。建国10周年时，正是弘一法师的80诞辰，丰子恺如约完成了《护生画集》第四集的80幅画。然而此时，他的作品已经开始受到攻击，他的新作难以得到公开，也无法正式出版。老画家只能把画稿寄到新加坡，交给弘一法师的佛门弟子广洽法师出版。

在你争我斗的世间坚持慈悲心的丰子恺，也许多少是个悲剧式的人物。

1965年，在完成译作《源氏物语》的同时，丰子恺也完成了《护生画集》第五集90幅画的创作，那时距离弘一法师的90诞辰尚有四年。这提前的四年，是天遂人愿？或是，丰子恺已经预感到了什么。

一年后，"文革"爆发，丰子恺的文章和画被定为大毒草。经历无休无止的批斗后，他被下放郊县劳动。寒冬里，女儿去送棉衣，看见父亲还在地里摘棉花，眼睛被寒风吹得泪汪汪。老人住着茅草屋，有雪花落在枕边。女儿哭了，老父却安慰她：他们看我年纪老，派我做轻松的工作……繁重的劳动和恶劣的待遇让丰子恺染上腿疾和严重的肺炎，被准许病休回家。虽然病了，老画家却很高兴，因为可以回家，又能画画了。76岁高龄的丰子恺

此后每日凌晨 4 点就起床,就着台灯微光,眯着昏花的眼,一幅一幅地画第六集的《护生画集》。身染癌症的丰子恺守在那扇看得见日升月落的窗边,守着他生命中最后的时光,完成一生的承诺。

那是 1973 年,距离他和老师约定的时间还有整整六年。这年年底,丰子恺画完了《护生画集》第六集的 100 幅画,"世寿所许,定当遵嘱",此时距他 1928 年画《护生画集》第一集,已过去了 45 年。

不到两年,1975 年 9 月,丰子恺在华山医院的观察室里安详地离开了。

他一生最崇拜的人是老师弘一法师。他说:"我崇仰弘一法师,是因为他是十分像人的一个人。"像一个人,这就是丰子恺一生的追求。

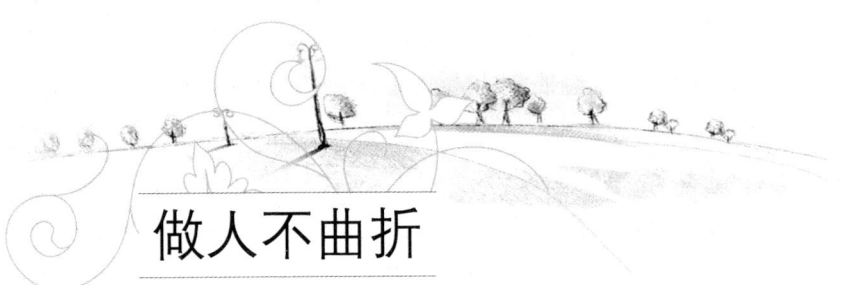

做人不曲折

□(香港)梁燕城

梁燕城 1951 年生于香港。哲学家,专栏作家,电台、电视台评论员。香港著名传道人,曾任香港浸会大学宗哲系系主任。出版学术著作有《世界蓝图》丛书系列、《寻访东西哲学境界》、《哲学家的武林大会》、《道与魔》、《古国苍茫》、《深情冷眼》、《中国哲学重构》、《文化中国蓄势待发》等达二十多种。

孔子曾说:"人之生也直。"何谓"直"呢?那就是心中之忠与诚,即真实无妄的生命流露。

讲正直的话很容易，但心中真的正直，却十分困难。

人的心往往非常曲折，特别是在中国社会，我们很容易成为两面人。在外面我们有一套礼乐准则，大家要和谐客气，做足这一切，就是好人。

但实际上人心比万物都诡诈，外面不论如何客气，里面却对人有愤怒和妒忌，在背地里人都在互道所短，成人之恶，甚至布局陷害。人在这种"两面性"文化中生活久了，心就开始曲折，总对人有怀疑，怕在和谐表面的礼乐后面，会被背后插刀。

从提防人转到利用人、陷害人，在权力世界中往上爬，人的心就越来越狡猾。

忠诚之道，就是正心诚意的修养，人必须对自己的狡猾意念有悔改。从意念一起时，就加以觉察，使心念自始就保留诚真正直，维持单纯的心，才能接受真理，否则，即陷在自我樊笼中，越缚越紧。

孔子曾说"吾道一以贯之"，曾子后来解释其所谓"一贯之道"，是"忠恕而已矣"。何以忠恕如此重要，成为贯穿孔子道理的核心呢？

原来忠恕是人最深本质的琢磨。忠是心底的诚直，维持自己做人的真实性。

我们在社会生活日久，人事关系复杂，而且周遭都是带刺的小人，使我们一次又一次地受伤害，心中日渐筑起提防。处世越久，自命越老练，其对人筑起的藩篱就越高，而自我封闭就越深，生命真实的流露就越少。

当人一面追求崇高的道理，另一面又自命对人观察很深，爱分析他人的短处，视人人都是有私意野心的人，而自己的灵性则高人一等，以能看破他人而沾沾自喜，这时即因追求灵性而生极大的傲慢。

这些人一面追求美善，一面又在心中构建厚重藩篱，使人很难接触到其生命的真实。当人没有了"忠"，没有了诚直，就很难有真的沟通，也很难有真的灵性。要突破此困厄，人修养之初，必求忠诚正直为本。

第三辑　诚信是选拔人才的第一标准

信任是一种有生命的感觉

□[美]戴维·威斯格特

　　真的,有时候信用比生命更可贵。君子重诺言,就是他们知道,失信将给自己的人格、名誉带来巨大的损失。因此,为了信用,他们可以倾尽所有,甚至生命。

　　诚实是力量的一种象征,它显示着一个人的高度自重和内心的安全感与尊严感。

　　欺人只能一时,而诚信却是长久之策。

　　走正直诚实的生活道路,定会有一个问心无愧的归宿。

　　失足,你可能马上重新站立;失信,你也许永远难以挽回。

　　诚实是人生的命脉,是一切价值的根基。

　　说谎话的人所得到的,就只有即使说真话也没有人相信。

　　在我们能够诚实地告诉孩子们"对自己的言行负责是人生的最上策"之前,我们必须使这个世界信守诺言。

　　诚实是最大的美德,使我们的生活抹上一笔最真的色彩。

　　实话是我们最宝贵的东西,再也没有一样东西可以与诚实比拟。

　　诚实永远比"小聪明"更有价值。

　　诚实是做人的根本,不诚实的人不能信任,更不能被委以重任,因为你得努力分辨他是不是在骗你。

诚实对我们来说实在太重要了。现代社会更是要非常注重诚实这项高贵的品质。

诚实对于一个人的成功来讲，就是如此简单和重要。

信任一个人有时需要许多时间。倘若你只信任那些能够讨你欢心的人，那是毫无意义的；倘若你信任你所见到的每一个人，那你就是一个傻瓜；倘若你毫不犹疑、匆匆忙忙地去信任一个人，那你就可能也会那么快地被你所信任的那个人背弃；倘若你只是出于某种肤浅的需要去信任一个人，那么接踵而来的可能就是恼人的猜忌和背叛；但倘若你迟迟不敢去信任一个值得你信任的人，那就永远不能获得爱的甘甜和人间的温暖，你的一生也将会因此而暗淡无光。

信任是一种有生命的感觉，信任也是一种高尚的情感，信任更是一种连接人与人之间的纽带。你有义务去信任另一个人，除非你能证实那个人不值得你信任；你也有权受到另一个人的信任，除非你已被证实不值得那个人信任。

第三辑　诚信是选拔人才的第一标准

诚实是最好的策略

□冯友兰

冯友兰(1895~1990)　字芝生,河南唐河人。著名哲学家、哲学史家。20 世纪 30 年代编著的《中国哲学史》,确定了其作为中国哲学史学科主要奠基人的地位。抗战期间连续撰写出版了"贞元六书",创立了新理学思想体系,成为中国当时影响最大的哲学家。

　　从社会的观点来看,信是一个重要的道德。在中国的道德哲学中,信是五常之一。所谓常者,即谓永久不变的道德也。一个社会之所以成立,全靠其中的分子的互助。各分子要互助,须先能互信。例如我们不必自己做饭,即可有饭吃,乃因有厨子替我们做饭也。在此方面说,是厨子助我们。就另一方面说,我们给厨子工资,使其能养身养家,是我们亦助厨子。此即是互助。有此互助,必先有互信。我们在此工作,而不忧虑午饭之有无,因为我们相信,我们的厨子必已为我们预备也;我们的厨子为我们预备午饭,因他相信,我们于月终必给他工资也。此即是互信。若我们与厨子中间,没有此互信,若我们是无信的人,厨子于月终,或不能得到工资,则厨子必不干;若厨子是无信的人,午饭应预备时不预备,则我们必不敢用厨子。互信不立,则互助即不可能,这是显而易见的。

　　从个人成功的观点来看,有信亦是个人成功的一个必要条件。设想一个人，说话向来不当话，向来欺人，他说要赴一约会，但是到时一定不赴；他说要还一笔账，但是到时一定不还。如果他是如此的无信，社会上即没有人敢与他来往、共事，亦没有人能与他来往、共事。如果社会上没有人敢与他来往、共事，没有人能与他来往、共事，他即不能在社会上立足，不能在社会上混了。反过来说，如果一个人说话，向来当话，向来不欺人，他说要赴一约会，到时一定到；他说要还一笔账，到时一定还。如果如此，社会上的人一定都愿意同他来往、共事，这就是他做事成功的一个必要的条件。譬如许多商店都要虚价，如有一家，真正是"货真价实，童叟无欺"，这一家虽有时不能占小便宜，但愿到他家买东西的人，比较别家多。往长处看，他还是合算的。所以西洋人常说："诚实是最好的政策。"

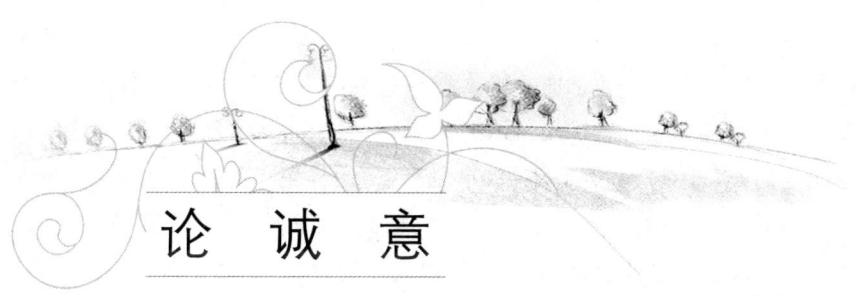

论 诚 意

□朱自清

朱自清（1898~1948）　原名朱自华，号秋实，后改名自清，字佩弦。祖籍浙江绍兴，生于江苏东海。现代散文家、诗人。1925年8月到清华大学任教，开始研究中国古典文学。创作以散文为主，名篇有《背影》、《荷塘月色》等。著有散文集《背影》、《欧游杂记》，文艺论著《诗言志辨》、《论雅俗共赏》等。

诚伪是品性，却又是态度。从前论人的诚伪，大概就品性而言。诚实，

诚笃,至诚,都是君子之德;不诚便是诈伪的小人。品性一半是生成,一半是教养;品性的表现出于自然,是整个儿的为人。说一个人是诚实的君子或诈伪的小人,是就他的行迹总算账。君子大概总是君子,小人大概总是小人。虽然说气质可以变化,盖了棺才能论定人,那只是些特例。不过一个社会里,这种定型的君子和小人并不太多,一般常人都浮沉在这两界之间。所谓浮沉,是说这些人自己不能把握住自己,不免有诈伪的时候。这也是出于自然。还有一层,这些人对人对事有时候自觉地加减他们的诚意,去适应那些局势。这就是态度。态度不一定反映出品性来;一个诚实的朋友到了不得已的时候,也会撒个谎什么的。态度出于必要,出于处世的或社交的必要,常人是免不了这种必要的。这是"世故人情"的一个项目。有时可以原谅,有时甚至可以容许。态度的变化多,在现代多变的社会里也许更会使人感兴趣些。我们嘴里常说的、笔下常写的"诚恳"、"诚意"和"虚伪"等词,大概都是就态度而说的。

但是一般人用这几个词似乎太严格了一些。照他们的看法,不诚恳无诚意的人就未免太多了。而年轻人看社会上的人和事,除了他们自己以外差不多尽是虚伪的。这样用"虚伪"那个词,又似乎太宽泛了一些。这些跟老先生们开口闭口说"人心不古,世风日下"同样犯了笼统的毛病。一般人似乎将品性和态度混为一谈,年轻人也如此,却又加上了"天真""纯洁"种种幻想。诚实的品性确是不可多得,但人孰无过,不论哪方面,完人或圣贤总是很少的。我们恐怕只能宽大些,卑之无甚高论,从态度上着眼,不然无谓的烦恼和纠纷就太多了。至于天真纯洁,似乎只是儿童的本分——老气横秋的儿童实在不顺眼。可是一个人若总是那么天真纯洁下去,他自己也许还没有什么,给别人的麻烦却就太多了。有人赞美"童心""孩子气",那也只限于无关大体的小节目,取其可以调剂调剂平板的氛围,若是重要关头也如此,那时天真恐怕只是任性,纯洁恐怕只是无知罢了。幸而不诚恳,无诚意,虚伪等已经成了口头禅,一般人只是跟着大家信口说着,至多皱皱眉,冷笑笑,表示无可奈何的样子就过去了。自然也短不了认真的,那却苦了自己,甚至于苦了别人。年轻人容易认真,容易不满意,他们的不满意往往是社会改革的动力。可是他们也得留心,若是在诚伪的分别上认真地过了分,也许会成为虚无主义者。

人与人，事与事之间各有分际，言行最难得恰如其分。诚意是少不得的，但是分际不同，无妨斟酌加减点儿。种种礼数或过场就是从这里来的。有人说礼是生活的艺术，礼的本意应该如此。日常生活里所谓客气，也是一种礼数或过场。有些人觉得客气太拘形迹，不见真心，不是诚恳的态度。这些人主张率性自然。率性自然未尝不可，但是得看人去。若是一见生人就如此这般，就有点野了。即使熟人，毫无节制的率性自然也不成。夫妇算是熟透了的，有时还得"相敬如宾"，别人可想而知。总之，在不同的局势下，率性自然可以表示诚意，客气也可以表示诚意，不过诚意的程度不一样罢了。客气要大方，合身份，不然就是诚意太多；诚意太多，诚意就太贱了。

看人，请客，送礼，也都是些过场。有人说这些只是虚伪的俗套，无聊的玩意儿，但是这些其实也是表示诚意的。总得心里有这个人，才会去看他，请他，送他礼，这就有诚意了。至于看望的次数，时间的长短，请作主客或陪客，送礼的情形，只是诚意多少的分别，不是有无的分别。看人又有回看，请客有回请，送礼有回礼，也只是回答诚意。古语说得好，"来而不往非礼也"，无论古今，人情总是一样的。有一个人送年礼，转来转去，自己送出去的礼物，有一件竟又回到自己手里。他觉得虚伪无聊，当做笑谈。笑谈确乎是的，但是诚意还是有的。又一个人路上遇见一个本不大熟的朋友向他说，"我要来看你。"这个人告诉别人说，"他用不着来看我，我也知道他不会来看我，你瞧这句话才没意思哪！"那个朋友的诚意似乎是太多了。凌叔华女士写过一个短篇小说，叫做《外国规矩》，说一位青年留学生陪着一位旧家小姐上公园，尽招呼她这样那样的。她以为让他爱上了，哪里知道他行的只是"外国规矩"！这喜剧由于那位旧家小姐不明白新礼数，新过场，多估量了那位留学生的诚意。可见诚意确是有分量的。

人为自己活着，也为别人活着。在不伤害自己身份的条件下顾全别人的情感，都得算是诚恳，有诚意。这样宽大的看法也许可以使一些人活得更有兴趣些。西方有句话，"人生是做戏。"做戏也无妨，只要有心往好里做就成。客气等一定有人觉得是做戏，可是只要为了大家好，这种戏也值得做的。另一方面，诚恳、诚意也未必不是戏。现在人常说，"我很诚恳地告诉你"，"我是很有诚意的"，自己标榜自己的诚恳、诚意，大有卖瓜的说瓜甜

的神气,诚实的君子大概不会如此。不过一般人也已习惯了,知道这只是为了增加诚意的分量,强调自己的态度,跟买卖人的吆喝到底不是一回事儿。常人到底是常人,得跟着局势斟酌加减他们的诚意,变化他们的态度;这就不免沾上了些戏味。西方还有句话,"诚实是最好的政策","诚实"也只是态度;这似乎也是一句戏词儿。

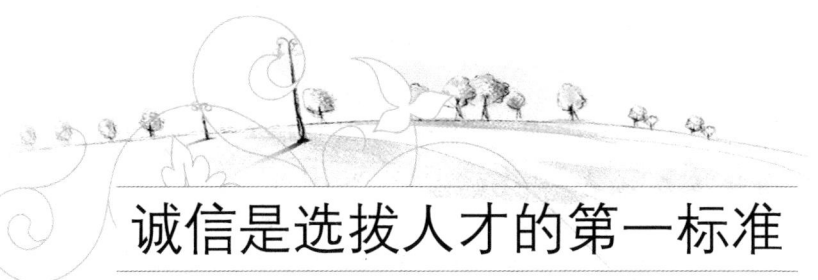

诚信是选拔人才的第一标准

□ (台湾) 李开复

李开复 1961 年出生于台湾,后移居美国。获美国卡耐基梅隆大学计算机学博士学位,开发出世界上第一个非特定人连续语音识别系统。1998 年加盟微软公司,任微软副总裁;2005 年加盟 Google 公司,任 Google 中国区总裁。著有《做最好的自己》一书。

就个人而言,人们常说"做事先做人",诚信是做人的基本准则。否则,就算你认为自己已经具备很多优秀的、能够成功的素质,你也未必会得到他人的尊敬,更不会得到成功企业的重视。在一个先进的企业里,员工最需要具备的素质不是优越的智力,而是诚信。诚信比才干更重要。因此,微软等现代企业在制定选拔人才的标准时,永远将诚信摆在第一位。

在微软亚洲研究院工作时,我曾面试过一位求职者。他在技术、管理方面的素质都相当出色,但是,面谈之余,他试探性地表示,如果我录取他，他可以把他在原来公司工作时的一项发明带过来。随后，他似乎觉察到这样说有些不妥，又特意声明，那些工作是他在下班之后做的，老板并不知道。

这样一番谈话过后，对我而言，他的能力和工作水平再高，我都肯定不会录用他的，原因是他缺乏最基本的处世准则和最起码的职业道德。他不是一个诚实、讲信用的人。试想，如果雇用了这样的人，谁能保证他不会在一段时间后，把自己在这里的工作成果也当做所谓的"业余工作"献给其他公司呢？

无论在什么时代，无论在哪一个国家，一个缺乏诚信的、人品有问题的人，都不可能成为一个真正有所作为的人。

有一位来微软亚洲研究院实习的学生，在研究结束后，出乎意料地报告了一个令所有同行震惊的、具有突破意义的研究结果。但是，人们很快发现，他所报告的研究结果在别人的实验中无法重复，人们逐渐对他的论文产生了怀疑。

后来他的老板发现，这个学生对实验数据进行了挑选，只留下了那些合乎最佳结果的数据，而舍弃了那些看起来"不太好"的数据。显然，这样的研究结果是人为捏造出来的，不可能为学术界贡献任何有价值的东西。

我相信，在这个学生树立诚信价值观之前，他不可能实现真正意义上的学术突破，不可能成为一名真正合格的研究人员。这位自作聪明的学生之所以要在科学研究中弄虚作假，主要是因为他一心想"走捷径"，在最短的时间内获得最大的"名气"和"财富"。这种急功近利的思想是"诚信"最大的敌人。如果事事都追求眼前的利益，不考虑做人的原则，那么，以其所为，求其所欲，无异于缘木求鱼，只会与成功南辕北辙。

在美国，中国学生的勤奋和优秀是出了名的，他们曾经一度是美国各名校最受欢迎的留学生群体。

但最近几年，却有不少学校和教授声称，他们再也不想招收中国留学生了。理由很简单，某些中国学生拿着读博士的奖学金到了美国，可是，一旦找到工作机会，他们就会马上申请离开学校，将自己曾经承诺要完成的学位和研究抛在一边。这种言行不一的做法已经使美国相当一部分教授对中国学生的诚信产生了怀疑。此外，美国有很多教授不再理会大多数中

国学生的推荐信，因为他们知道，许多推荐信根本就出自学生自己之手，已经没有什么参考价值可言了。

尽管有这样行为的学生在中国留学生中只是一小部分，然而已经足以伤及中国学生的集体名誉，使得更多中国学生的录取受到影响。不仅如此，诚信问题导致国际合作交流的渠道受阻的现象，在经贸、学术等领域同样可能发生。可见，诚信已不仅仅是一种道德要求，同时它也已经成为国际合作的必要基础，并且确实能够为中国带来实实在在的机遇。就此而言，每一个坚守诚信的中国人，除了主观上为涵育个人的高尚人格，客观上也为树立"诚信中国"的世界声誉作出了一份贡献。

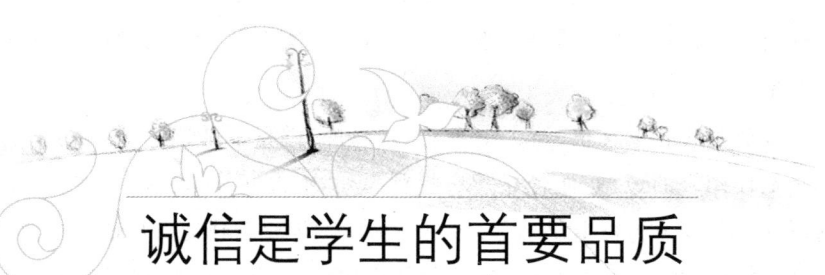

诚信是学生的首要品质

□朱清时

朱清时　1946年生于四川成都。化学家，中国科学院院士，第三世界科学院院士。1968年毕业于中国科学技术大学近代物理系。1998年任中国科学技术大学校长。2005年获国家自然科学奖二等奖。

我认为诚信是学生应有的首要的品质。学生在学生时代要学会诚实、守信，以后到工作岗位时要做到诚实、守信，这样在社会上成功的机会就会增多。

微软中国研究院前任院长李开复回国前，写了一封公开信，也送给我了。在任中国研究院院长期间，他接触过很多中国学生，有很多感触。他在信中说的第一点就是：事业要成功，需要恪守一些原则，而这些原则是他所遇到的中国学生最缺乏的，其中第一个原则就是要诚信、正直。他举了一个例子，他当院长时，曾经面试过很多求职的学生。有一次他面试了一个年轻的求职人员，此人在技术、管理方面都很出色，看起来他得到这个职务的机会很大。但是在谈话中这个人悄悄向李开复表示，如果录取了他，他可以把他公司的一项发明带过来。他看到李开复的眼色不对，又补充了一句说这项发明是他下班后做的，跟公司没关系，老板不知道。但是，这一番话使得李开复马上明白了，无论这个人的能力有多强，都不能录用他，也不敢录用他，原因是他缺乏处世的最基本准则，即诚实守信。任何公司雇用到这种人，都会担心说不定哪一天当他把公司的技术秘密掌握得足够多时，又会到另外一个公司去，说同样的话，把自己在本公司做的东西献到别的公司去。所以一个人对公司来说，首先是诚实守信，第二才是才能；如果有才能，而不守信，对公司造成的危害比能力差的人造成的更大。

我强调这个问题，是因为我觉得一些大学生人格上有一些毛病。比如说，据我了解，有些大学生在出国问题上撒谎，在至关重要的问题上对老师、学校保密。等他联系好后，就突然宣布他现在出国到哪里去了。我本人就遇到了好几件这种事，遇到这种事我心里觉得很悲哀，不是觉得失去了这个人才可惜，因为我知道这种人不能用。这种人就像李开复说的那样，你不能保证他什么时候把你的成果出卖了。我所悲哀的是，他们不明白这种贪小便宜的做法会使他们在社会上遇到更多危险，失去很多成功的机会。再比如，在美国，中国学生的勤奋优秀是很出名的，曾经一度是美国很多大学欢迎的留学生，但最近情况有了一些变化，原因就是不少中国留学生拿到博士奖学金到美国后就转学了。因为到美国读博，最容易申请数学和物理专业的研究生。因为美国人愿意读的少，美国学校为了维持平衡，情愿拿出奖学金，从中国雇学生去为美国的学校做助教。因此，很多学生就找到了窍门，以读研究生为名得到了奖学金，去了美国一两年之后，他翅膀硬了，英语好了，对什么都熟悉了，就马上跳槽去读电子、读管理、读法律。这些做法，使美国很多大学觉得这些学生靠不住，不太愿意接收这样的学生。我们到国外去,国外大学的校长和科大的校友会经常向我们介绍这方面的情况。我觉得这些学生的做法,是因为在学校没有学会、没有懂得在社会上保持诚实、守信用对他一生的重要性。

任何人都怕不诚实不守信用的人。一旦你做了不诚实不守信用的事情,就会在你的履历上留下痕迹,以后你在社会上就会失去很多成功的机会。

真诚的力量

□ 傅　雷

傅雷(1908~1966)　别名怒庵,著名翻译家。早年留学法国,几乎译遍法国重要作家如伏尔泰、巴尔扎克、罗曼·罗兰的重要作品。数百万字的译作形成"傅雷体华文语言"。他多艺兼通,在绘画、音乐、文学等方面显示出独特的艺术鉴赏力。

我认为一个人只要真诚,总能打动人的;即使人家一时不了解,日后仍会了解的。我这个提议,你觉得如何呢?因为我一生做事,总是第一坦白,第二坦白,第三还是坦白。绕圈子,躲躲闪闪,反易叫人疑心;你要手段,倒不如光明正大,实话实说,只要态度诚恳、谦卑、恭敬,无论如何人家都不会对你怎么样的。

我的经验,和一个爱弄手段的人打交道,永远以自己的本来面目对

付,他也不会用手段对付你,反倒看重你的。你不要害怕,不要羞怯,不要不好意思;但话一定要说得真诚老实。既然这是你一生的关键,就得拿出勇气来面对事实,用最光明正大的态度来应付,无须因那些不必要的顾虑,而不说真话!就是在实际做的时候,要注意言辞及步骤。只要你的感情是真实的,别人一定会感觉到,不会误解的。

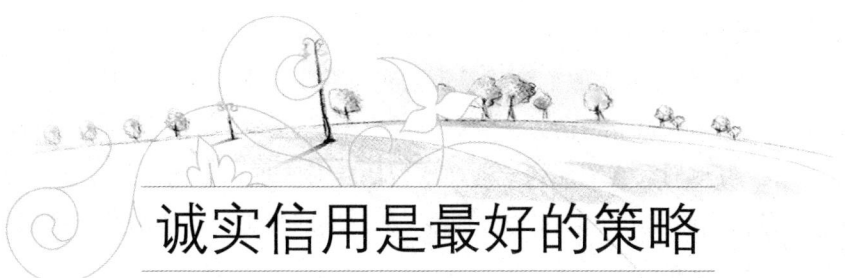

诚实信用是最好的策略

□ [美] 奥里森·马登

奥里森·马登(1848~1924)　美国家喻户晓的《成功》杂志的创办人。被公认为美国成功学的奠基人和最伟大的成功励志导师之一。一生撰写了大量鼓舞人心的著作,包括《一生的资本》、《思考与成功》、《伟大的励志书》、《成功的品质》、《高贵的个性》等。

不久以前,有一位布料商店的经理对人说,他们店里目前正忙于将整匹的布料剪为碎段,真是忙碌不堪。他说,只要在广告上大加宣传,说购买碎段的布料比按匹算的布料是如何的便宜、如何的合算,这样人们见广告登载的便宜,便肯定会信以为真,会争相来购买。但是试问,一旦顾客们发现他们的欺骗行为以后,还有人再愿意光顾这种欺人的商店吗?

许多人把说谎、欺骗视为一种手段,他们相信说谎、欺骗会给自己带来好处。好多信誉很好的商店,也往往掩饰自己货物的弱点,用动人的广

告来哄骗消费者。有很多人认为，在商业上，欺骗如同资本一样，是十分必要的。他们认为，在商业上处处讲实话几乎是件不可能的事情。

现代新闻学上也有一个很不好的现象，就是新闻界常有偏离事实、渲染事实、牵强事实、颠倒事实的倾向。其实，一种报纸的声誉和一个人的声誉是一样的。如果一种报纸老是故意欺骗人，不久便会获得一个说谎者的名声。而只有那些立足于事实、诚实不欺的报纸，才是新闻界的中流砥柱，它们最终的销量要比那些经常欺骗读者的报纸多出数百倍。

所以，由于一贯讲真话而获得的声誉，要比由欺骗暂时所获得的好处，其价值要高千百倍！

商业社会中，最大的危险就是不诚实与欺骗。在经济萧条时，人们往往更喜欢利用投机取巧的方法，欺骗顾客，不讲真话或是把当说的真话秘而不宣。但他们没有顾虑到，这样的做法暂时来说在金钱上虽是赚了一些，可是商人的人格和信用就此损坏。他们的钱袋里固然增加了一些钱，但他们的人格和信用已丧失殆尽。

实际上，现在也有许多曾经说谎的人或是欺骗的机构，感到用欺骗方法来对付他人，最终是得不偿失的，他们最终认识到，诚实是最好的策略。

在美国国内的众多商行中，很少有长达450年历史的。美国的大多数商店，都如昙花一现，这些商店在开业时通过大肆欺骗的方式吸引了许多顾客的注意，固然繁荣一时，但是因为它们的繁荣是建立在不诚实和欺骗的基础上的，不久后这些商店便关门大吉了。它们只知道从欺骗顾客中获得了好处，不知道到了后来，它们的欺骗手段终于为顾客所发觉，于是这许多商店营业日趋清淡，业务逐渐收缩，结果竟致歇业破产。

诚实信用的名誉是世界上最好的广告，仅仅因为诚实信用的名誉，美国好几家大商行大公司的名字和品牌就价值数百万美元。

与一个欺骗他人、没有信用的人相比，一个诚实而有信用的人其力量要大得多。一个把自己的言行建立在诚实基础上的人，外表看来也享有荣誉，他本人也有自信，而且对自己的行动更有把握。而在欺骗者的外表上，仿佛贴着一种鄙夫的标记。

在今日的美国，最令人痛心的现象莫过于一些年轻人为了自己的利益就出卖他们的人格。如果连自己的宝贵人格都出卖了，即便能获得一些名

孩子是要别人教的，毛病是要别人医的，即使自己是教员或医生。但做人处事的法子，却恐怕要自己斟酌，许多人开来的良方，往往不过是废纸。

——鲁　迅

利，但那又有什么意义呢？

如果一个人的声誉损坏了，还有什么方法能够弥补呢？这几乎是不可能的。试问一个人如果连他自己的品格都不要了，人生还有什么价值呢？人如果违反了人类善良的天性，那就不要说贪图名利了，就是其他一切的丑陋行为，他都会干得出来。

捡来的东西也不是自己的

□ 朱　军

朱军 1964年生于甘肃兰州。中央电视台节目主持人。1999年在全国金话筒节目主持人评选中获银奖第一名。2003年获主持人"金话筒奖"，2004年获电视艺术"星光奖"主持人奖。由他主持的访谈栏目《艺术人生》已成为央视的一个精品名牌栏目。

父亲是军人坚硬的严厉，母亲是有原则的韧性的严厉。记得有一次，中午放学，在路边一棵大树底下，我看见一个亮晶晶的雪花膏瓶子，绿色的盖子特别精致。我把瓶子捡了回来，用水洗干净，当小玩意儿收了起来。那个时候，我几乎没有什么属于自己的东西和玩具，衣服、鞋子都是拣哥哥姐姐们不能穿了的，文具也是别人用过的，唯独这个瓶子成了属于我自己的东西。母亲知道后，严厉地质问我从哪儿来的。

"捡的。"我怯生生地说。

母亲二话没说，生气地拽起我边走边说："那你再捡一个去。走，带我去，在哪儿捡的？"

母亲突然发怒让我摸不着头脑，也不知道自己犯了什么错误，在街上捡一个瓶子拿着玩，有什么错？当时是学校中午休息时间，刚回家肚子饿得咕咕叫，却不能吃饭，还要蒙受这样的拷问和怀疑。

我委屈地将母亲带到我捡瓶的那棵大树下面。我在前面走，母亲在后面跟着，我时不时回头看看母亲，不知道究竟发生了什么，更不清楚母亲为什么非要和这个小瓶子纠缠不休。

走到树下，我指指地下说："就在这儿捡的。"

母亲看了看那棵树，指着树坑严厉地说："放下！在哪里捡的还放在哪里！"

我强忍着眼泪，委屈得不行，为什么要放回原处呢？

我把小瓶子放在树坑里，母亲拉起我就往家走，这回是母亲走在前面，我跟在后面，看着母亲急匆匆的脚步，我又委屈，又生气。到了家，母亲不让我吃饭，不容分说地扒下我的裤子，给了一顿"胖揍"。

我大声号叫着："妈呀，真是捡的呀！"

打了一阵，母亲一屁股坐在板凳上号啕大哭，那哭声撕心裂肺，我被这突然发生的情景惊呆了，无法理解母亲不分青红皂白的痛打，更不能明白母亲打完了我，自己为什么这么伤心地痛哭。见到妈妈哭了，我吓坏了，上去抱住母亲和她一起哭。

我真的不明白，为什么一个小瓶子，会闹成这样！过了很久，母亲搂着我，轻轻地对我说了一句话，这句话让我终身难忘："人穷不能志短，再喜欢的东西也得自己去挣，就算是捡的也不能要！"

才上小学的我还不能完全明白这里面的意思，但知道妈妈说的话很重要，重要到必须永远记住。

父母严格甚至有些严厉的家教给我留下深刻的记忆。小孩子对事情的判断力差，父母宁可用极端的方式进行教育，也不让我走歪路。

"捡来的东西也不是自己的！"这句话成为我人生的警句。它让我从此建立了最牢靠的价值观：实实在在地做人，实实在在地获得。

我不知道父母的哲学在今天的教育家们看来是不是可行，尽管今天我可能不会再用这样的方式教育我的孩子，但是我知道父母就是这样的人，我就是在这样传统得近乎苛刻的价值观中长大。在我人生启蒙的时候，我明白的最简单的道理就是：人生一切所得必须靠自己，侥幸得到的东西再好都要扔掉，因为那本不属于自己。

今天想想，这种苛刻的道理一语中的，足够我用一辈子。直到我40岁，父母都不在人世了，他们留给我的感受还时时刻刻影响着我，护佑着我。他们给了我一颗人生饱满的种子，只要勤于耕种，一生受用不尽！

第三辑　诚信是选拔人才的第一标准

诚信已不仅仅是一种道德要求,同时它也已经成为国际合作的必要基础,并且确实能够为中国带来实实在在的机遇。就此而言,每一个坚守诚信的中国人,除了主观上为涵育个人的高尚人格,客观上也为树立"诚信中国"的世界声誉作出了一份贡献。

第四辑
活出真性情

　　哲学家周国平曾感叹："此生此世，当不当思想家或散文家，写不写得出漂亮文章，真是不重要。我唯愿保持住一份生命的本色，一份能够安静聆听别的生命也使别的生命愿意安静聆听的纯真，此中的快乐远非浮华功名可比。"

　　做人不能没有底线。没有了做人的底线，也就没有了衡量对与错的尺度。守住心灵的洁净和情操的至上，堂堂正正做人，才能把自己的精湛和完美永远展示给世人。

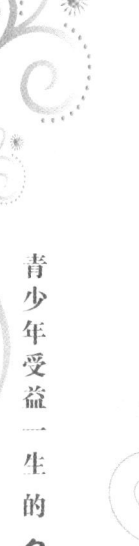

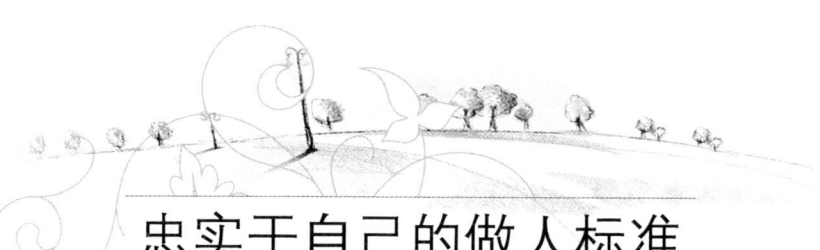

忠实于自己的做人标准

□[英]阿瑟·戈森

阿瑟·戈森 1905年生于布达佩斯。英籍匈牙利作家。1937年在西班牙内战时被法西斯分子捕获并判处死刑，不久又获赦免，由此写了《与死亡对话》，该书反映出一个面对命运者的心态。另著有《隐性写作》、《中午的黑暗》等。

附近的一所大学邀请我在毕业典礼上讲话，一位朋友对我说："这还不容易，你只要向他们提供一条万无一失的成功秘方就足矣。"

这是句玩笑话，但它却牢牢地印在我的脑海里，我对此想得越多，就越相信的确存在着这么一种灵丹妙药，只要人们有识别它的聪明才智，并能付诸实践，它对任何人来说都是可以得到的。

在美国的工业社会中，那些前途远大的人所面临的竞争是严峻的。一年接着一年，实业家们苦心研究年轻人在学校里的成绩，审查他们的申请，为符合理想的人们提供特殊的优越条件。然而，他们实际上寻求的是什么呢？大脑？精力？实际能力？肯定，这一切都是需要的。但这些只能使一个人获得某种程度的成功，如果他要攀上高峰，担当起指挥决策的重任，那么还必须加上一条因素。有了它，一个人的能量可以发挥出双倍、三倍的效力。这一奇迹般的品格就是：正直。

在英语中，"正直"一词的基本词义指的是完整。在数学中，整数的概做一个真正的人，光有一个合乎逻辑的头脑是不够的，还要有一种强烈的气质。

——[法]司汤达

念表示一个数字不能被分开。同样，一个正直的人也不能把自己分成两半，他不会心口不一，想一套，说一套——因为实际上他不可能撒谎；他也不会表里不一，信一套，干一套——这样他才不会违背自己的原则。我坚信，正是由于没有内心的矛盾，一个人才有了额外的精力和清晰的头脑，使他必然地获得成功。

正直的人，实际上意味着他有某种内在的一定之规。我可以举几个例子说明。

正直意味着高标准地要求自己　许多年前，一位作家在一次倒霉的投资中，损失了一大笔财产，趋于破产。他打算用他所赚取的每一分钱来还债。三年后，他仍在为此目标而不懈地努力。为了帮助他，一家报纸组织了一次募捐，许多要人都慷慨解囊，这是一个诱惑——接受这笔捐款将意味着结束这种折磨人的负债生活。然而，作家却拒绝了。他把这些钱退还给了捐助人。几个月之后，随着他的一本轰动一时的新书的问世，他偿付了所有剩余的债务。这位作家就是马克·吐温。

正直意味着有高度的名誉感　提醒你，这里指的不是声誉，而是名誉。伟大的弗兰克·劳埃德·赖特曾经对美国建筑学院的师生们发表讲话，他说："这种名誉感指的是什么呢？那好，什么是一块砖头的名誉感呢？那就是一块实实在在的砖头；什么是一块板材的名誉呢？那就是一块地地道道的、名副其实的板材；什么是人的名誉呢？这就是要做一个真正的人。"弗兰克·劳埃特·赖特恰恰如此，他不愧为一个忠实于自己做人标准的人。

正直意味着具有道德感并且遵从自己的良知　马丁·路德在他被判死刑的城市里面对着他的敌人说："去做任何违背良知的事，既谈不上安全稳妥，也谈不上谨慎明智。我坚持自己的立场；上帝会帮助我，我不能做其他的选择。"

正直意味着有勇气坚持自己的信念　这一点包括有能力去坚持你认为是正确的东西，在需要的时候义无反顾，并能公开反对你确认是错误的东西。

在一所大医院的手术室里，一位年轻的护士第一次担任责任护士。"大夫，你已经取出了 11 块纱布，"她对外科大夫说，"我们用的是 12 块。"

"我已经都取出来了，"医生断言道，"我们现在就开始缝合伤口。"

"不行。"护士抗议说，"我们用了12块。"

"由我负责好了！"外科大夫严厉地说，"缝合。"

"你不能这样做！"护士激烈地喊道，"你要为病人想想！"

大夫微微一笑，举起他的手让护士看了看第12块纱布："你是合格的护士。"他说道。他在考验她是否正直——而她具备了这一点。

正直意味着自觉自愿地服从 从某种意义上说，是正直的核心，没有谁能迫使你按高标准要求自己，也没有谁能强迫你献身。同样，没有谁能勉强你服从自己的良知。然而，不管怎样，一位正直的人是做到了这些的。

第二次世界大战期间，当我们的部队正设法冲出敌人的包围时，一位美国陆军上校和他的吉普车司机拐错了弯，迎面遇上了一个德军的武装小分队。两个人跳出车外，都隐藏起来。司机躲在路边的灌木丛里，而上校则藏在路下的水沟中。德国人发现了司机并向他的方向开火。上校本来不容易被发现的，然而，他却宁愿跳出来还击——用一把手枪对付几辆坦克和机关枪。他被杀害了，那个司机被捕入狱。后来，这名司机对人们讲述了这个故事。为什么这位上校要这样做呢？因为他的责任心要强于他对自己安全的关心，尽管没有任何人勉强他。

这一点难做到吗？的确很难。这就是为什么真正正直的人是难能可贵的、是值得钦佩的，但是从根本上说，正直所具有的无与伦比的价值，是值得人们为此而努力的。请想一想正直会带来什么样的利益吧！

勇敢 正直使人具备了冒险的勇气和力量，他们欢迎生活的挑战，绝不会苟且偷安，畏缩不前。一个正直的人是能够把握，并能相信自己的——因为他没有理由不信任自己。

坚定不移 正直经常表现为坚持不懈、一心一意地追求自己的目标，拒绝放弃自己努力的坚忍不拔的精神。"我们决不屈从！决不，决不，决不，决不。无论事物的大小巨细，永远不要屈从，唯有屈从于对荣誉和良知的信念。"温斯顿·丘吉尔是这样说，也是这样做的。

心地坦然　我注意到，正直的人都是抗震的，他们似乎有一种内在的平静，使他们能够经受住挫折甚至是不公平的待遇。哈利·爱默森·福斯迪克曾讲过亚伯拉罕·林肯在 1858 年参加参议院竞选活动时，他的朋友警告他不要发表某一次演讲。但是林肯答道："如果命里注定我会因为这次讲话而落选的话，那么就让我伴随着真理落选吧！"他是坦然的。他确实落选了，但是两年之后，他就任了美国的总统。

正直还会给一个人带来许多好处：友谊、信任、钦佩和尊重。人类之所以充满希望，其原因之一就在于人们似乎对正直具有一种近于本能的识别能力——而且不可抗拒地被它所吸引。

怎样才能做一个正直的人呢？我以为这是找不到一个现成答案的。我想也许第一步就要锻炼自己在小事上做到完全诚实。当你不便于讲真话的时候，不要编造小小的谎言，不要去重复那些不真实的流言飞语，不要把个人的电话费用计入办公室的账上，等等。

这些戒律听起来可能是微不足道的，但是当你真正在寻求正直并且开始发现它的时候，它本身所具有的力量就会令你折服，使你在所不辞。最终，你会明白，几乎任何一件有价值的事，都包含有它自身的不容违背的正直的内涵。

这就是万无一失的成功的秘方吗？是的。它之所以是百灵百验的，正是因为它与人的声望、金钱、权力以及任何世俗的衡量标准毫不相干——如果你追求它并且发现了它的真谛，你就一定是一个成功者。

第四辑　活出真性情

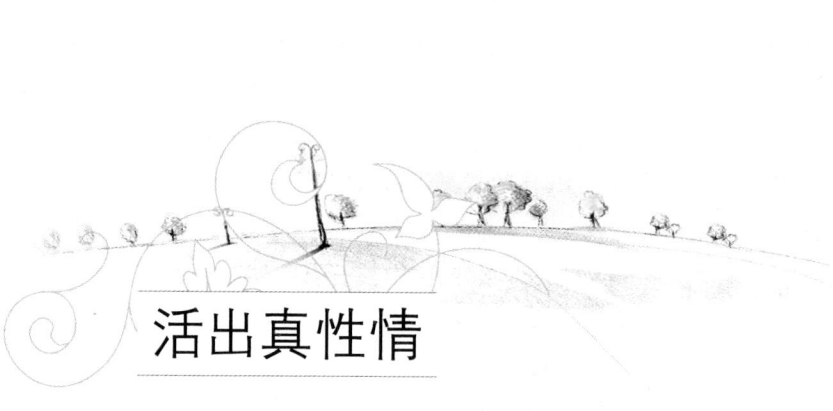

活出真性情

□周国平

周国平 1945 年生于上海。中国社会科学院哲学研究所研究员。著有学术专著《尼采：在世纪的转折点上》《尼采与形而上学》，随感集《人与永恒》，诗集《忧伤的情欲》，散文集《守望的距离》，纪实作品《妞妞：一个父亲的札记》，自传《岁月与性情》等。其大量作品以哲理性思辨为主，是当代颇具影响力的学者、作家。

一

我的人生观若要用一句话概括，就是真性情。我从来不把成功看做人生的主要目标，觉得只有活出真性情才是没有虚度了人生。所谓真性情，一面是对个性和内在精神价值的看重，另一面是对外在功利的看轻。

二

一个人在衡量任何事物时，看重的是它们在自己生活中的意义，而不是它们能给自己带来多少实际利益，这样一种生活态度就是真性情。

礼义廉耻，士君子居身之本系焉。

——[清]黄宗羲

三

一个人活在世上，必须有自己真正爱好的事情，才会活得有意思。这爱好完全是出于他的真性情的，而不是为了某种外在的利益，例如为了金钱、名声之类。他喜欢做这件事情，只是因为他觉得事情本身非常美好，他被事情的美好所吸引。这就好像一个园丁，他仅仅因为喜欢而开辟了一块自己的园地，他在其中培育了许多美丽的花木，为它们倾注了自己的心血。当他在自己的园地上耕作时，他心里非常踏实。无论他走到哪里，他都会牵挂着那些花木，如同母亲牵挂着自己的孩子。这样一个人，他一定会活得很充实的。相反，一个人如果没有自己的园地，不管他当多大的官，做多大的买卖，他本质上始终是空虚的。这样的人一旦丢了官，破了产，他的空虚就暴露无遗了，会惶惶然不可终日，发现自己在世界上无事可做，也没有人需要他，成了一个多余的人。

四

人做事情，或是出于利益，或是出于性情。出于利益做的事情，当然就不必太在乎是否愉快。我常常看见名利场上的健将一面叫苦不迭，一面依然奋斗不止，对此我完全能够理解。我并不认为他们的叫苦是假，因为我知道利益是一种强制力量，而就他们所做的事情的性质来说，利益的确比愉快更加重要。相反，凡是出于性情做的事情，亦即仅仅为了满足心灵而做的事情，愉快就是基本的标准。属于此列的不仅有读书，还包括写作、艺术创作、艺术欣赏、交友、恋爱、行善等，简言之，一切精神活动。如果在做这些事情时不感到愉快，我们就必须怀疑是否有利益的强制在其中起着作用，使它们由性情生活蜕变成了功利行为。

五

你说，得活出个样儿来。我说，得活出个味儿来。名声地位是衣裳，不

妨弄件穿穿。可是,对人对己都不要以衣帽取人。衣裳换来换去,我还是我。脱尽衣裳,男人和女人更本色。

六

此生此世,当不当思想家或散文家,写不写得出漂亮文章,真是不重要。我唯愿保持住一份生命的本色,一份能够安静聆听别的生命也使别的生命愿意安静聆听的纯真,此中的快乐远非浮华功名可比。

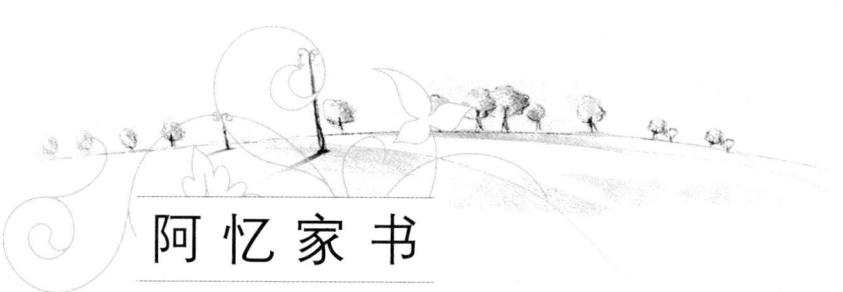

阿忆家书

□ 阿 忆

阿忆 1964 年生于北京。北京大学副教授。曾任《北京青年报》专栏撰稿人,北京人民广播电台策划人,中央电视台《香港百年》总撰稿,香港凤凰卫视公司策划人等。主持过中央电视台《实话实说》节目。

我的女儿:

人活着的信念,多半是为了得到赞美,获得更多人的承认。我的孩子,我无法欺骗你——长大以后,你自己也会发现——人们承认的社会角色和职业是有高下之分。无论如何,总理和士兵是不同的。但是,假如你只能做一名士兵,你要快乐、勇敢、自珍,不要因为职业的低微而轻视自己。你的信念首先要能告慰自己，不要因为你的职业不能带来全面的好处而私下扭曲它的性质。

如果你是医生，对你最重要的首先是道德，其次才是报酬。

任何对于红包和好处的非分之想，都会在长久的觊觎中，冲淡你的责任心，降低你的医术水平。要永远记住：人类和其他生灵的健康，远远比你的腰包重要。

你不能把病人分成你认识和你不认识的。不能在你的心中建立档案，把他们归类为哪些对你有用，哪些对你无用。在一位具有道德感的医师面前，歌星和纤夫，总理和士兵，没有什么不同。

如果你是教师，不要因为薪水低而怨天尤人。你要清楚地知道，自己选择了这个职业是因为什么，那是因为你热爱它，是因为你适合它。如果诲人不倦恰好是你的天性，那就放弃拜金主义的择业标准，快乐地选定你喜欢的人生位置，不要因为工作辛苦而抱怨，更不能因此而怠慢你的学生。否则，放下你的教鞭。

如果你是法官，当你审视一桩案情的时候，要极力排除个人的好恶，排除人际关系带给你的纷扰，排除任何势力的干预。你要以生命和你手中的权力为赌注，努力向真理靠近。如果你无法坚持真理，那就毫不犹豫地牺牲自己的个人利益，以保全你的良知。在司法公正面前，你必须不问亲朋和路人之分。你的标准只有一个，那就是坚持真理。

你的爸爸

第四辑 活出真性情

"真"亦可"畏"

□周汝昌

周汝昌 字禹言,号敏庵,后改字玉言,1918 年生,天津人。当代著名红学家。新中国研究《红楼梦》的第一人,享誉海内外的考证派主力和集大成者。红学专著有《红楼梦新证》、《曹雪芹》、《石头记鉴真》、《红楼梦与中华文化》、《红楼真本》,学术专著有《范成大诗选》、《杨万里选集》、《书法艺术问答》、《诗词赏会》等。

杜少陵曾有云:"畏人嫌我真。"

诗圣的这一句,只五个字,却有几层转折。第一层,主眼是个"真"字。第二层,是个"嫌"字。"真"原是人所追求的最为宝贵的质与德(真善美,真是首位与根本),可是真的来了却又被人嫌弃。第三层,我之真竟为世所嫌,此种处境,实实可怕! ——此"畏"字之所以可悲也。

即此可见,"真"者最难取悦于人,也最难坚持不易其操。

这事势,连大诗人少陵老杜都是被一嫌一畏折磨得发出慨叹。但是世上可也有不畏人嫌我之真的吗?

据我所知,这样的不畏者确实有之——就是吴宓先生。

"余生也晚",竟也有幸赶上了与好多位高人贤士硕彦鸿儒同时同世,更幸者又还得有与之交游唱和的奇缘,如吴先生,即此诸位中的一位独特当谨守者有五：一须勤读教师，二须孝顺奉母，三须友于爱悌，四须和睦亲戚，五须爱惜光阴。

——[清]林则徐

之例。

我与吴先生只有一聚之缘，是在1954年的上元佳节间，地点是重庆北碚西南师范学院。

我能与吴先生相会，全是由于亡友凌道新兄的厚意。道新是天津耀华中学毕业而考入燕京大学的，我们是天津同乡、燕大同班，但不熟识。1952年夏，我到成都华西大学外文系当讲师，他立刻"发现"了我，"追踪"到我寓处，一叙起来，便成了"他乡故知"，格外亲切起来。道新实乃难得之俊才，可惜居于"下位"，而且"文革"毁了他，我应另文纪念亡友，此刻实难兼叙详情，如今只得单表一层。1952年我到华大后不久，即雷厉风行地展开了"思想改造"运动，紧跟着高等院校大调整。我是华大唯一一个留在成都的外文教师，归入四川大学，而道新却调到北碚师院去了。他因在彼校，遂与吴先生过从渐密。道新的七律诗做得极好，而且英文造诣也高，这无疑是吴先生在彼难得遇到的有"共通语言"的英年才彦。

我与道新别后，彼此相念，书札唱和。至秋冬之际，来札叙及拙著《红楼梦新证》问世不久，彼校师友，亦皆宣传，已得吴宓先生的评价，希望能谋一晤，面叙"红"情。因只有寒假方能得空，于是邀我于上元佳节到渝一游，藉慰离怀，兼会诸位谬赏之知音。

那时成渝铁路已通，我果于约期前往，道新特自北碚赴重庆车站相迎。我一出站，见他停立栏外，风采依然，心中无限欣喜……

以上叙明了我所以得会吴先生，全由道新的至意，安排一切，热情令我真正感到"宾至如归"与深宵剪烛的相兼之乐。

我与吴先生会面了，没有什么寒暄俗礼套言。我对他并不陌生，因为读过他的带有"中西合璧"特色的诗集。至于"视"我为"何如人"，倒不曾想象过——好像是"早就谈过的"，今日只是"续前"的一般。

初见吴先生，印象如何？可是不易"描写"。他生得貌不出众，平常又平常，身上并不带着诗人气质或什么才华风韵，语言也不出奇。我方知他之无奇，一切显得那么平常，才是他的奇处——奇在罕见的一种率真的人格。

文人，"知识分子"，往往是怀才自负，也不甘寂寞，需要"知音"，因而在众中总会寻机会显露一点自家的抱负才能，与众不同之"奇"处。吴先生却是与此相反。

但出人意想的却是他的无意违众倒成了他的最大的"逆俗"。

比如,我们相会之目的是为了"红学"(在胡适之先生的《考证》之后沉寂了25年而忽有拙著《红楼梦新证》出现是大家聚谈的主题),他却并不"成本大套"地"论红宣讲",只是像一般不治红学的那几位教授老师们一样地"闲谈漫话"。有位老师给我写了某一僻书中关于雪芹的材料的名称,这时吴先生也补充几句他所知道的,但当别人说了他所不同意的见解时,他却话语多起来,十分直爽地表示"不然"、"不对"、"不是那样"!

他如此直爽坦率,有时使对方不好答言,他也一点儿不怕对方"不好意思",或引起不快。在谈"红学"见解上,他并不"照顾"别人的"情面"——这大约是他心中并无世俗的"人情世故",只是一片说真心话以诚相待之意。

那次夜晚,道新兄还特意替我向大家"展示"了我自题《红楼梦新证》的两首七律,诸位先生都答应和韵——果然我得了不少篇佳作,而吴先生却说:我不和诗,另给你题一首"曲子"。

次日,道新单请吴先生与我,三人同到小馆子便餐,吴先生把所题之册页(我自成都带去的)还给了我。接过来敬展一看时,吃惊不小!

原来他是用墨笔恭楷——像印版字一样的方正字体,写下了一首《世难容》。

《世难容》者,谁不会忘记那是雪芹为妙玉女僧所设下的一首"曲文",其中有句云:"却不道好高人愈妒,过洁世同嫌!"是全书中最极感慨沉痛之音!——而吴先生却照此曲律仿作了一首,一关键词语还特用朱笔书写,夹在墨字中间格外鲜艳夺目。

这使我深深体会到:这位老人,自己很明白自己是妙玉那样与世难谐的"畸人"。这其中的意味是异常深刻的,带着巨大的悲剧性。

那时吴先生的处境如何?

历史职级带给他一份高工资(这当然指那时标准)。他自己简朴至极,把钱都花在别人身上。所谓别人,据悉那是各式各样的贫困待助者。我在四川大学时,外文班中一位学生就是受他资助的青年。还有一位贫病无依的女士,生活一切全由他一力供给。除了经常性的,还有很多临时的或断续的受助者。

全部负责供养一个女的！——这事就引出来很难听的流言飞语。

在教育岗位上，把他弄到历史系，所"用"全非所长，也不受尊重。我到川大后，见那时那里并无外国文学专家，建议把吴先生调来，以展其平生学养抱负，培育后学——此意同学们十分赞同，便向上面反映。结果有关部门派来一位干部，在我的课堂上训话："……他是什么人？！他搞的一套是什么？他搞《红楼梦》！……"

我一听这话茬儿，就明白了许多以前不懂的"道理"。吴先生当然不会调来了。《红楼梦》还被看做是"毒草"。

吴先生始终被人看成是一个罕见的"怪物"。例如在吃饭时，在临散席时，他见别人碗中有未吃净的米粒菜叶……一定要拿起来替那人吃完。连道新兄也劝过他，说不可如此，太忤俗，也太"过分"了。吴先生答："我只是行我所应行之事，既非对人，也无用意，没有什么可计较议论的。"

与他作别后，赠过他一首七律，现今只记一句是："巍巍鲁殿总堪伤！"也通过几次信函。

当年夏初，我回北京后，他曾特嘱其原配陈夫人代为寄赠来一部当时已然难觅的《吴宓诗集》。可惜这部书与许多珍贵"文物"（当时以为"无奇"的尺牍、诗词手迹，皆是名家所惠，一片深情），都随"浩劫"而不可再见了。

吴先生是第一位指出《红楼梦》是以诗人的心眼与价值观来看社会人生的伟大著作，无与伦比。他自己正似近于"曹雪芹型"，不为世俗理解，不为社会宽容，至今仍为某些人歪曲笑骂诽谤——他自己并无意标榜一个"真"字，但他已体会出"世难容"三个字的滋味多么不易承受。

这一点，我看已然分明。我所能追忆于吴先生的，其实也只有这么一句话而已：他并不畏人嫌我真。

第四辑　活出真性情

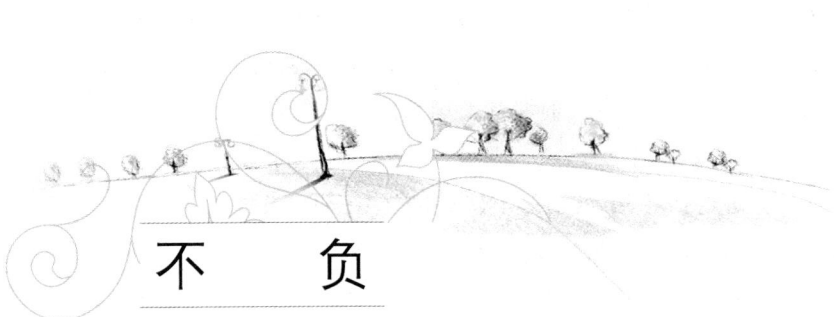

不 负

□孙盛起

孙盛起 1963年生,当代作家。 从1998年起开始从事写作,主要创作一些纯文学性的小说和散文,偶尔也写杂文。代表作品《向生命鞠躬》。

那是几年前的事。有位朋友过生日,事先发了许多帖子,约定他生日那天晚上在一家舞厅聚会。可是天公不作美,那天从黄昏起就下起了瓢泼大雨。约定的时间快到了,我没有丝毫的犹豫,打起了伞匆匆去赴约。到了舞厅,只见里面空空荡荡,聚会的人除了我以外,一个也没来。我要了一杯啤酒独饮,坐等了几十分钟后,觉得确实不会有人来了,这才慢慢而安心地溜达回家。

第二天遇到同样接到帖子的一位,他问:"昨晚你到舞厅去了?"我点头,他奇怪:"下那么大雨,你还去了?"我也奇怪:"不是约好的吗?怎么能不去?"既然约好了,就要履约,我觉得这是再平常不过的事了。尽管我和过生日那位仁兄关系很一般,说是好友实在有些勉强,充其量属于有事才拉来凑数的那一类。我知道,我俩并不会因我的冒雨赴约而要好起来(现在我早已没有了他的消息)。我之所以那样做,仅仅是为了不负:不负于那张帖子,不负于他能想起我来——毕竟并不是每个人都能去凑数的。

让我突然想起这件几乎要忘却了的事情的,是我家楼下的一个西服店

与你共享

大其心，容天下之物。虚其心，受天下之善。平其心，论天下之事。
潜其心，观天下之理。定其心，应天下之变。

——[清]金 缨

的裁缝。裁缝是个浙江小伙儿，因我每天都要打那店前路过，所以和他渐
渐熟了，闲来总喜欢到他店里坐坐。有件事我早已看在眼里：每次西服挂
完里子要封口时，他总要费力地把衣服里子从那开口处翻出，然后拿出一
把小剪刀，仔仔细细地剪上面的线头。

有一天我忍不住了，终于对他说："那些线头何必剪呢？把封口封住，
直到这件衣服穿旧扔掉也没人能看到里面。"他淡淡地一笑："别人看不
到，我能看到，要是不剪，心里就老是不舒服。"他的话让我咀嚼良久，不知
怎么就忽然想起几年前的那次赴约，于是恍然明白：他的心情和我那时一
样，仅仅是为了不负——不负手艺，不负于心。其实他未尝不知，他剪那些
即使不剪也永远不会有人看见的线头，既不会使西服挺括一分，也不会因
此而招徕顾客（没过多久，他就因生意清淡而关门了），可是这样做了之
后，他就心里踏实，就觉得可以坦然地面对顾客了。

这个世界上，能干出惊天动地的大事的人是很少的，也没有几件值得
我们喊出"宁教我负天下人，休教天下人负我"的豪言壮语的事情，倒是不
负——不负于友谊，不负于诺言，不负于责任，不负于爱以至生命，却是我
等芸芸众生时刻要面对的，也完全能够做得到。这种不负和功利无关，即
我们并未指望从中得到任何利益，它只关乎一个人的品行，甚至仅仅是心
境。抱着"不负"之心生活，未必能得到"不负"的回报，但这有一个天大的
好处：能使自己活得无愧，活得心安理得。仅就心情而言，无愧该是一种至
上的境界。

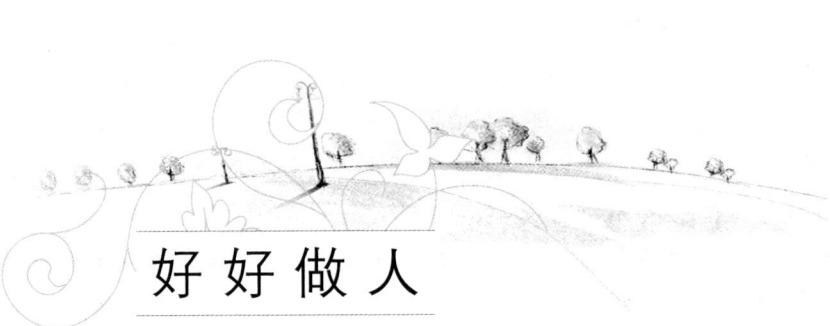

好 好 做 人

□张贤亮

张贤亮 1936 年生，江苏盱眙(xū yí)人。当代作家。曾任宁夏回族自治区文联主席，中国作家协会宁夏分会主席等职。先后发表了短篇小说《邢老汉和狗的故事》，中篇小说《土牢情话》、《绿化树》，长篇小说《男人的风格》、《习惯死亡》等。其中《灵与肉》、《肖尔布拉克》分别获 1980 年及 1983 年全国优秀短篇小说奖，《绿化树》获第三届全国优秀中篇小说奖。

　　写文章并没有什么诀窍，是什么样的人就会写出什么样的文章；作品不过是作者人格的外化。罗曼·罗兰说"性格就是命运"，其实也可以说"性格就是文章"，于是，文章就表现了作者的命运。我"下海"以后，许多关心我的朋友和读者曾担心我从此会中断写作，维熙还专门就此在《文汇报》上召唤我"魂兮归来"。但如果仔细看过我过去所有的作品，就会发现我是一个积极关注和投入社会活动的人，就会发现我不过把写小说当做是关注和投入社会的一种活动方式，倘若有机会，我肯定会采取写作外的另一种方式。我曾在一篇文章中说过，"上帝或自然在造人的时候，也就是说人在母胎中的时候，并没有决定这人将来的职业，因而每一个人刚生下来都是全能的"，如有可能，我会挖掘上帝或自然赋予我的一切潜能。所以，"下海"就是我的必然，是我的命中注定。

我想大约也正是我有这样的性格，才能熬过长达22年的劳动改造，才能入死出生，才能代表死者告诉世人我们曾经过一段那么黑暗的时期，从而对现在的"活"应倍加珍惜。"生命对于我们只有一次"，生命对每一个人都只有一次，佛经中说人获得人身之难，如"盲龟之遇浮木"，用现在人们熟悉的话来说是：每一个人都是"珍稀动物"！任何人，不管他在历史上多么重要，有多么了不起的成就，都无权残害其他任何一个人，漠视其他人的生命和让其他人为他献出生命。我认为我有权代表死者写出：《我的菩提树》！

譬如，在纪念反法西斯战争胜利50周年之际，在我们回顾那段令人痛心切齿的历史的时候，很多人都写了非常好、非常动人的纪念文章，而好像只有我一个却偏偏不满足仅仅"以史为鉴"，一定要现在就有所作为不可，于是产生了：《我为什么不买日本货》！

拒绝，也是一种行动！

说到"下海"，我想，我会比坐在书房里完成单纯的写作计划的作家能更深切地体会到，我们在建设社会主义市场经济这一历史任务面前，在各方面都准备不足。我们在肉体上跨入了新时期，但肉体内仍笼罩着旧时期的阴影。如果说关键的问题是"换脑筋"的话，那么恰恰是"脑筋"还没有完全转"换"，归结起来可用马克思的话来说，就是上层建筑严重地制约了经济基础。这就产生了：《无法苏醒》！

我想用这部"近作"来回报关心我的友人和读者。所谓"近作"，正是我"下海"以后写作的，除了收入这部书的一部长篇、一部中篇和一篇短文章外，这期间还由陕西人民出版社出版了一部散文集《边缘小品》。作为一个业余作者，两年多出版了这些作品，我想在数量上至少还能算及格，即使是用单纯的任务观点来衡量，我也完成了一个"专业作家"的任务了吧。

我还会利用业余时间继续写下去，我很赞同王蒙这样的看法，"写作基本上应该是业余的事"。

那么，什么是"业"呢？

我以为，只有好好做"人"，才应该是正业吧！

第四辑　活出真性情

世界不只为你一个人存在

□宋丹丹

宋丹丹　1961年生于北京。著名喜剧演员。1984年在话剧《红白喜事》中饰"灵芝",开始了艺术生涯。1985年凭借在电视剧《寻找回来的世界》中饰演的宋小丽获大众电视飞天奖"最佳女配角"。1990年的小品《超生游击队》让她声名鹊起。其他代表作品还有话剧《回归》,情景喜剧《我爱我家》、《家有儿女》等。

有一年春天,剧院排《白鹿原》,我和濮存昕是搭档。我演小娥,他演白嘉轩。建组那一天,陈忠实老师请我们吃饭,选了一个离剧院不远不近的地方,叫萃华楼,刚好在王府井步行街口往里一点儿。步行街不能停车,我是打车过去的。

吃完饭,我准备回剧院,问小濮:"你有车吗?"他说有。我又问他:"停哪儿了?""就在马路对面。"他指了指利生体育用品商店的方向。"好啊,那我搭你车回剧院!"我想小濮真是太有本事了,"腕儿"真大,在步行街都有地方停车。我们俩过了马路,他让我等他。两分钟以后,只见小濮推了辆自行车从商场背后走了出来。我大为意外,颇有些哭笑不得,这实在不像一个"名演员"的做派。"这有什么?我经常骑车。"

那天大街上骑车的人们可乐坏了:这年头,在此等繁华地带,坐自行车后架的本来就少之又少，更何况坐车的是宋丹丹，骑车的是濮存昕。

小濮从来不慕虚荣，永远顺从内心的声音做事。曾经有朋友想请他拍戏，怕直接找去会被拒绝，托我先问问他。我告诉朋友："如果他愿意，谁问他都能去，给多少钱都能去；如果不愿意，谁问也不行，给多少钱也不行。"当时，小濮因为忙于"纪念话剧诞生100周年"的种种安排，没有答应这件事。他是我见过的少有的不被"别的事情"牵着走的人。

我从来不认为小濮是一个多么有天赋的演员，有多么高超的演技，但是他在舞台上投入了全部的心思和情感。所以老百姓喜欢他，观众爱看他的戏。他善良、单纯，对不幸的人们怀着深深的同情。是他告诉我："丹丹，这个世界不是只为你一个人存在的，各种有缺点、有缺陷的人都有权利生活在这里，他们有权利让自己生活得更好。你无法要求每个人都那么无私，那么完美。"

父亲的座右铭

□ 黄大能

黄大能　1916年生，黄炎培之子，高级工程师。1939年毕业于复旦大学土木系。曾任中国留英工程师学会会长，国家建材局建筑材料科学研究院副总工程师、副院长、高级工程师，民建中央第四、五届中央副主席。曾主持制定中国第一个水泥质量标准及检验方法。著有《水泥混合材料的性能和利用》等。

60年前父亲黄炎培赠送我座右铭，并嘱咐我怎样做人做事。这个座右

铭的全文是："事繁勿慌、事闲勿荒,有言必信、无欲则刚。和若春风、肃若秋霜,取象于钱、外圆内方。"

我随身带着他的手书留学英国。在国外时,不少中外友人指着这一立轴,曾好奇地问我:"这'取象于钱、外圆内方'作何解释?"

"父亲的座右铭,教我怎样待人接物。'取象于钱、外圆内方'这八个字,是指中国旧时中间有方孔的铜钱,也就是,如果认为这是真理,是绝对正确的事,就应像钱中的方孔那样方正,应该坚持;然而对人的态度,就应和若春风,也就是要'圆',但是这里所谓的'圆'却不是'圆滑'。在原则上必须要像'秋霜'一样的严肃;在待人处事上,则应像'春风'那样和气。"

我虽然遵照着这个教导为人处世,多少年来,随着自己年龄的增长,对其中深奥的含意,却愈益感到以上解释并不完全,愈加感到大有补充的必要。

具体到我的三兄清华大学教授黄万里,为了三门峡工程而独自一人据理力争。至于他有没有做到父亲教导的"和若春风",或是有没有完全做到,我并不清楚,但"肃若秋霜",他是做到了。日常人际关系的复杂矛盾,多如牛毛,如果人人都能做到"和若春风、肃若秋霜",相信矛盾解决的可能性就大得多了。

"和若春风、肃若秋霜"这八个字中一个"和"字、一个"肃"字是关键字眼。如果确认自己的意见是符合真理的,就该考虑用什么样的方式,甚至策略或手段,来使他人能接受这个真理。所以,这个"和"就不单解释为"和气"二字了。至于"肃"字当然是指严肃。但深一层看,却还包括了"坚持",乃至"刚直不屈"。三门峡问题,实际上不少科学家是懂得正确处理的,但一些人可能屈服于"一边倒"的形势,因而做不到像"秋霜"那样的严肃了。

"会做人"使我抓住了
成功的机会

□[美]格丽思　　王　悦/译

格丽思　女,美国首位舞台喜剧表演艺术家。曾红极一时,美国妇女广播电视台的年度"格丽思奖"就是以她的名字命名的。

1922年,我从加州大学表演系毕业后,独自一人来到纽约投奔我儿时的好友艾比,渴望在百老汇的话剧舞台上实现自己的梦想。

然而,在百老汇,没有哪一个剧团愿意给一个没有背景,又不是选美冠军的女孩机会。经过十多次面试之后,我的积蓄越来越少,不得不到一家餐厅的衣帽间打工,靠每周70多块钱的收入勉强度日。终于,父亲在电话里说,如果到圣诞节我还是无业游民,就必须回家到他的公司上班。

刚巧这时艾比所在的剧团有一个空缺,她为我争取到了3分钟的试演机会。我决定和命运最后赌一把。我用最后的一点钱买了当夜的返程机票,心想:如果选上就留下,选不上,就立刻坐飞机回家,让那些不知天高地厚的梦想从此结束!

那天上午,我早早来到排练场,结果发现有十几个窈窕淑女排在我前面,我是第17号,要到下午才轮到我。看着一个个穿着入时、形象姣好的候选人,我简直是"鸡立鹤群"。

第四辑　活出真性情

中午,我想到了百老汇大街上的百欧思则,那里是嬉皮士和著名艺人的聚集地,据称是纽约最地道的意大利餐馆。既然留下来的希望渺茫,最后去感受一下百老汇的气氛也好啊。走进餐厅,看到女招待递过来的菜单我才意识到这里的价钱比一般餐馆贵了好几倍,而买完机票我只剩5元2角钱,连付小费可能都不够。我小心翼翼地对一脸不耐烦的女招待说:"呃,还有再便宜些的菜吗?比如什锦色拉之类的?""对不起,没有!我也不为乡巴佬提供服务。"身高马大的女招待有意把尖厉的声音提高了八度。其他客人不约而同地抬起头看着我们。我从容自若地站起身,微笑着说:"没关系,我刚巧也不接受势利眼的服务。"四周传来一片笑声,我甚至听到有人在鼓掌。

"我也是。"坐在我邻桌的一个长着络腮胡子的大个子一边鼓掌一边说,"看来我们要另找地方吃午饭了。"他走过来很礼貌地为我拉开椅子,和我一起昂首阔步地向大门走去。满脸乌云密布的女招待这时才从震惊中回过神来,悻悻(xìng)地对我说:"从来没遇到过像你这样的家伙。"我开心地回答道:"那是我的荣幸。"然后头也不回地跨出了百欧思则的门槛。

站在大街上,我和大个子终于忍不住大笑起来。"我知道一个做地道的意大利粉的地方,绝对不超过5元!怎么样,要去吗?"几分钟后,大个子强止住笑建议道。也许是被他的幽默感染了,也许真是饿昏了头,我听见自己说:"为什么不!"

10分钟后我们坐在一个狭窄却整洁的小店里。店主的英文不敢恭维,但他端出的香肠粉则刚好相反——是我有生以来吃过的最地道的意大利粉。大个子显然是这儿的常客,一边吃一边给我讲这家老板的趣事。饭后店主的小儿子为我们端来甜点。也许是首次做服务员太紧张,他不小心碰翻了大个子的杯子,柠檬茶溅了大个子一身。尽管我和大个子再三安慰他,但那可怜的孩子仍然满脸沮丧和歉意。趁大个子没留意,我一回手把自己的水杯也打翻了,顿时地上又出现了一大汪水,我的衬衫袖子也被弄脏了。"啊,对不起!我都20多岁了还经常碰翻东西,如果你爸爸问起来请代我向他道歉。"我故意大声说。小家伙终于又露出了灿烂的笑容。

一抬头看见大个子正专注地盯着我看,显然我的小伎俩没能瞒过他的眼睛,不过他装作什么也没看到的样子,很快转移了话题:"这么说你大学毕业了,打算干什么?""嗯,我想演戏。不过我最大的问题是一张嘴观众就笑个不停,不管多惨的悲剧,只要我一说台词,不知道为什么总有人笑。"我沮丧地说。大个子感兴趣地盯着我的脸,仿佛想从上面找到宝藏似的。"我今天下午还有最后一次试演机会,如果不行,晚上我就回老家。""有多大把握?"大个子关切地问。"我有95%的把握——95%的把握被淘汰。哈哈!"我一副满不在乎的样子,其实心里一点儿也笑不出来。

我们各自付过账(留下小费后我还剩2角钱)在店门前道别时,大个子突然说:"作为感谢,你不介意带我去看你试演吧?""当然不介意,只要你发誓到时候一定不要笑。"

一小时后我面对几位导演,朗诵自己精心准备的台词,但即使是外行也看得出气氛有些不对,本来是狄更斯的经典悲剧,但台下却传来阵阵笑声,只有艾比和后排的大个子努力做出严肃的样子,但我可以看到他们眼睛里有抑制不住的笑意。试演后我得到剧团秘书一个简单而礼貌的答复:"一有消息,我会立刻联系你。"我知道我已经没戏了。

艾比送我到剧院门口,眼角还带着笑意:"嘿,格丽思,刚才那几个导演都说你是喜剧天才呢!要不要再留下一段时间,看有没有试演喜剧的机会?"我强作笑脸答应着,心里却酸酸地痛。我最后的希望破灭了,大家都在笑我,连老友艾比也开始嘲笑我了,所谓"试一试喜剧",无非是想婉转地告诉我:"你没有演舞台剧的天赋,该适可而止了。"离飞机起飞还有5个小时,我知道是回家的时候了。虽然没在百老汇找到机会,但能和一个有趣的家伙一起吃顿饭也挺值的,确切地说自从毕业以后我还是第一次这么开心和放松。

这时我才猛然记起大个子还在排练场里,刚才我从后台出来时忘了和他道别了。虽然我此刻心情很不好,但我还是决定和他道个别,因为我觉得就这样不辞而别是不礼貌的。让我做梦都想不到的是,正因为我的这个想法,我的后半生因此被改变。

我正要回去找大个子时,却看见他手里拿着一叠表格从后台出来:"格丽思,我是乔治·贝恩姆。因为中午吃饭时我刚演出完,还没来得及卸妆,对不起。"说完,他取下了粘在脸上的络腮胡子。我的嘴张成"O"字形,天啊,没错,他竟然真的就是大名鼎鼎的喜剧"新王子"乔治·贝恩姆!他怎

么会知道我的名字？大个子，不，乔治微笑着说："我马上要去新泽西的纽瓦克巡回演出，需要一个搭档。这儿的导演是我的好朋友，让我看了你的申请表，我觉得很合适。怎么样，要试一试吗？"

我激动得说不出话来，只是拼命地点头，觉得心像张开的帆一样一点点地鼓起来。

很快，我就不可阻挡地"红"了，一年后，"格丽思"这个名字在美国已经家喻户晓。

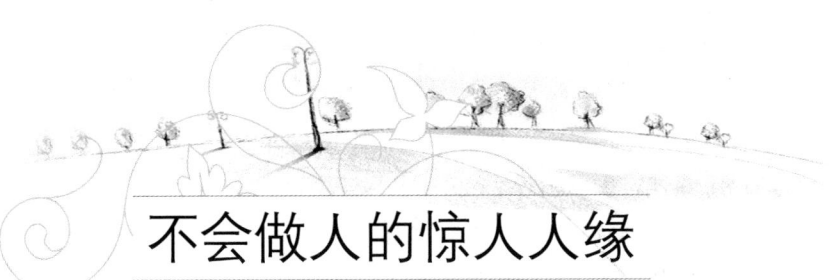

不会做人的惊人人缘

□王安忆

王安忆 女，1954年生于南京。当代著名作家。主要作品有长篇小说《纪实与虚构》、《长恨歌》(获第五届茅盾文学奖)，中短篇小说集《雨，沙沙沙》、《王安忆中短篇小说集》、《流逝》等，新作《启蒙时代》获华语文学传媒盛典"年度杰出作家奖"。

父亲是一个话剧导演，真正是一派天然，再没有比他更不会做人的了，他甚至连一些最常用的寒暄絮语都没有掌握。比如，他与一位多年不见的老战友见面，那叔叔说："你一点没老。"他则回答道："你的头发怎么都没了？"弄得对方十分扫兴。他不喜欢的、不识趣的客人来访，他竟会在人家刚转身跨出门槛时，就朝人家背后扔去一只玻璃杯。

姑母与叔叔每年一次回国看望我们，见面时父亲很激动，分手时他却松了一口气。他和他们在一起总会觉得寂寞，在他们面前，他对自己的价值感到怀疑。他这一生，只有两桩事业，一是革命，一是艺术，而在他们笃守的钱面前，两桩事业都失了位置。

奇怪的是，像他这样不会做人的人，却有着惊人的人缘。1978年他的胆囊炎发作，人艺的男演员们自发排了班次，两小时一班地轮流看护，准时准刻，从不曾有过误点的事情。我们经常看到演员们以他的素材演编的长篇喜剧，比如，喝了药水之后，发现瓶上所书："服前摇晃"，于是便拼命地晃肚子；还比如，将给妈妈的信投到"人民检举箱"等。

曾有个朋友写过关于他的文章，提及一则传说，说他往鸡汤里放洗衣粉，他误以为是盐了。而这位朋友却不知道，我父亲是连洗衣粉也不会朝鸡汤里放的。就在不久之前，他还不懂得如何煮一碗方便面。

洗短裤和袜子时，他先用强力洗衣粉泡一夜，再用肥皂狠搓，大约搓去半块肥皂，再淘清了晾干，倒的确是雪白如漂。

他连一桩人间的游戏都不会，打牌只会打"抽乌龟"，不用机智，但凭运气。下棋只会下"飞行棋"，也只需掷掷骰子，凭了号码走棋便可。他不会玩一切斗智的游戏，腹中没有一点点春秋三国。他最大的娱乐，也是最大的功课，便是读书，书也为他开辟了另一个清静的世界，在那里，他最是自由而幸福，他的智慧可运用得点滴不漏。

因了以上这一切，父亲在离休以后的日子里，便不像许多老人那样，觉得失了依傍而惶惶然，怅怅然，他依然如故，生活得充实而有兴味。他走的是一条由出世而入世，由不做人而做人的道路，所以，他总能自在而逍遥。因他对人率真，人对他也率真；因他对人不拘一格，人对他则也不拘一格。他活得轻松，人们与他也处得轻松。似乎是，正因为他没有努力地去做人，反倒少了虚晃的手势，使他更明白于人，更明白于世。

做聪明人容易

□ [美]杰夫·贝佐斯　王　悦/译

杰夫·贝佐斯　1964 年生于美国新墨西哥州。美国企业家,世界第一家网络书店——"亚马孙"的创始人兼首席执行官,被人称为"电子商务教父"。其创立的"亚马孙"是全球电子商务的成功代表,也是现在世界上最大的网络商城。

祖父母在科图拉有个农场。小时候,每年夏天我都去那儿过暑假。"华利贝姆大篷车俱乐部"经常组织车队在美国和加拿大各地开车旅行。祖父母也是俱乐部成员。每隔几年,他们便会开上自家那辆老爷车,车后拖着 31 英尺长的大篷车,参加旅行车队。就是在这样一次旅途中,祖父说了一句令我永生难忘的话。

我当时不大,也就 10 岁左右,但对周围的世界,我已经开始有了自己的观点,自以为就无所不知了,并和现在一样,还迷恋跟数字有关的东西。

有过长途旅行的人都知道,你总有多余的时间来胡思乱想。那天也不例外,我算出了老爷车每英里的耗油量,算出了各种零食的平均价格……还有什么可算的吗?我曾看过一个反对吸烟的电视节目,主持人说每吸一口烟,就相当于缩短了两分钟的生命。祖母是烟民,我决定算算她的寿命。

我已经不记得具体数字了:一口等于两分钟,一支烟等于 20 口,一包烟等于 20 支。祖母有 30 多年烟龄,按每天一包计算——她的寿命缩短了

16年还多。我反复核对了结果，开始为自己的聪明才智沾沾自喜。

我把头探到前排，拍了拍祖母的肩膀："您的寿命因为吸烟而减少了16年！"我得意地向她展示我的论据和推算过程，完全没有顾及她的感受。突然，我看到眼泪从祖母脸上无声地落下。这不是我期待的反应，她没说"你真聪明"或者"你的算术真棒"！

在祖母无法抑制的泪水中，我好像一脚踩中了地雷，这才发现自大无知的我对他人造成了多大的伤害。我不知所措地缩回到后排座位，尴尬地说不出话来。

一直默默开车的祖父，小心地把车停在公路边，跳下车，示意我也下车。我惹了大祸！我会受多重的惩罚？这之前，祖父一句严厉的话也没对我说过，但这次不比从前，我惊慌失措地下了车。

我们往后走了几步，在老爷车和大篷车的连接处站定。我等着受处罚，而祖父则看着我。我们都没说话，只听到大篷车队隆隆驶过的声音。然后一只大手温柔地放在我肩上，祖父说："有朝一日你会明白，做个聪明人很容易，但做个善良的人很难。"

这句箴言和祖父温和的态度，给我上了宝贵的一课。以前，我一直佩服祖父敏捷的思维和惊人的记忆力。从那天以后，我才开始注意到他的善良。他把聪明当成上天赐予的财富，成为一个聪明人只是运气好，没什么可骄傲的，但不是每个人都懂得以善良的方式来使用这笔财富。能成为一个善良的人，才真正值得我们自豪。从那天起，我一直在努力做个善良的人。

因他对人率真，人对他也率真；因他对人不拘一格，人对他则也不拘一格。他活得轻松，人们与他也处得轻松。似乎是，正因为他没有努力地去做人，反倒少了虚晃的手势，使他更明白于人，更明白于世。

第五辑
要懂得尊重别人

　　著名学者及人道主义者史怀哲先生的几位朋友曾经为他举办了一个生日宴会，参加宴会的都是具有相当影响力的人物。史怀哲先生除了亲自为在座的每一位客人端上了一份蛋糕，还把其中一块蛋糕递给身旁的女服务员，真诚地对她说道："这一份是给你的，美丽的姑娘。感谢你一晚上周到而优雅的服务！"

　　"尊重"绝不仅是社交场合的礼貌，而是来自于人心深处对另一个生命深切的理解、关爱、体谅与敬重，这样的尊重绝不含有任何功利的色彩，也不受任何身份地位的影响，这样的尊重是真正的尊重。

用爱对待别人

□[美]拿破仑·希尔

拿破仑·希尔(1883~1969) 美国著名成功学大师。他访问了包括卡耐基、福特、罗斯福、洛克菲勒、爱迪生、贝尔在内的500多位在美国取得卓越成就的成功人士，完成了划时代意义的8卷本著作《成功规律》。

尊重每一个人

每个人都有一种欲望，即感觉到自己的重要性，以及别人对他的需要与感激，这是我们普通人的自我意识的核心。如果你能满足别人心中的这一欲望，他们就会对自己，也对你抱积极的态度。一种你好我好大家好的局面就将形成。正如美国19世纪哲学家兼诗人爱默生说的："人生最美丽的补偿之一，就是人们真诚地帮助别人之后，同时也帮助了自己。"

使别人感到自己重要的另一个好处，就是反过来会使你自己感到重要，而你在背后贬低别人，在他人眼中也贬低了你自己。

在大多数情况下，你怎样对别人，别人就怎样对你，就像那个讲述两个不同的人迁移到同一小镇的故事一样。

第一个人到了市郊就在一个加油站停下来问一位职员："这个镇里的人怎么样？"

加油站职员反问："你从前住的那个镇的人怎么样？"

第一个人回答："他们真是糟透了，很不友好。"

于是加油站职员说："我们这个镇的人也一样。"

过了些时候，第二个驾车人驶进同一加油站，问职员同一个问题："这个镇的人怎么样？"

那个职员同样反问："你从前住的那镇上的人怎么样？"

第二个人回答："他们好极了，真的十分友好。"

加油站职员于是说："你会发现我们这个镇的人完全一样。"

那个职员懂得，你对别人的态度跟别人对你的态度是一样的。

在日常生活中，父母抱怨孩子们不听话，孩子们抱怨父母不理解他们，男朋友抱怨女朋友不够温柔，女朋友抱怨男朋友不够体贴。在工作中，也常出现领导埋怨下级工作不得力，而下级埋怨上级不够理解自己，不能发挥自己的才能。他们对生活总是抱怨而不是一种感激，不是一种尊重，这样的人是永远都不会成功的。

奉献你的赞美

莎士比亚曾经说过这样一句话："赞美是照在人心灵上的阳光。没有阳光，我们就不能生长。"心理学家威廉姆·杰尔士也说过这样一句话："人性最深切的需求就是渴望别人的欣赏。"在人与人的交往中，适当地赞美对方，会增强这种和谐、温暖和美好的感情，你存在的价值也就被肯定，使你得到一种成就感。丘吉尔曾经说过这样一句话："你要别人具有怎样的优点，你就要怎样地去赞美他。"实事求是，而不是夸张地赞美，真诚地而不是虚伪地赞美，会使对方的行为更增加一种规范。同时，为了不辜负你的赞扬，他会在受到赞扬的这些方面全力以赴。赞美具有一种不可思议的推动力量，对他人的真诚赞美，就像荒漠中的甘泉一样让人心灵滋润。许多杰出的音乐歌唱者或运动员之所以在后来的专业领域中能大放异彩，大多是年幼时参与歌唱运动等活动表现优异时，受到赞赏，激发出一股自信与冲劲而引发出潜力的。

因此在生活和工作当中，我们也应该这样，以鼓励代替批评，以赞

美来启迪人们内在的动力,自觉地克服缺点,弥补不足,这比你去责怪,比你去埋怨会有效得多。这样将会使人们都怀着一种积极的心态,创造出一种和谐的气氛,而有利于事业的成功和生活的幸福。由衷的赞美所带给对方的愉快及被肯定的心情,也使你分享了一份喜悦和生活的乐趣。

微笑是上帝赐给人的专利,微笑是一种令人愉悦的表情。面对一个微笑着的人,你会感到他的自信、友好,同时这种自信和友好也会感染你,使你油然而生出自信和友好来,使你和对方亲切起来。微笑是一种含义深远的身体语言,仿佛是在说:"你好,朋友! 我喜欢你,我愿意见到你,和你一起我感到愉快。"

正确评价他人

许多人之所以失败、退却,主要是由于他的偏见与怨恨,使他低估了敌人或竞争者的优点。

一位思想方式正确者必须有点像一名优秀运动员——他必须很公正(至少对自己如此),找出别人的优点与缺点,因为所有的人都是同时具有各种各不相同的优点与缺点的。

"我不相信我可以欺骗他人,因为我知道我不能欺骗我自己。"

这句话可以做你的座右铭。

洛克菲勒先生有一项特别突出的长处,像一颗闪亮的星星般突出于他其余的长处之上,那就是他坚持以事实作为他的商业哲学的基础,并且他只习惯于同与他终生事业有确切关系的事实打交道。有些人说,洛克菲勒先生有时对待他的竞争者并不公平。这种说法可能是真的,也可能不是(身为思想方法正确者,我们不愿对这一点争执不下)。但是,从来没有任何人(甚至连他的竞争者)指责洛克菲勒先生对他的对手的实力"轻易判断"或"估计过低"。他不仅能一眼看出与他的事业有切身关系的事实,还不论何时何地,只要他一发现,他就主动去寻找它们,一直到把它们找出来为止。

一个人如果知道他是凭着事实工作,那么,他在工作时将会产生自信心,这将使他不会踌躇或是等待。他事先就知道,他的努力将会带来什么结果。因此,他的工作效率比其他人高,成就也将胜过其他人;其他人则必须摸索前进,因为他们无法确定自己所从事的工作是否合乎事实。

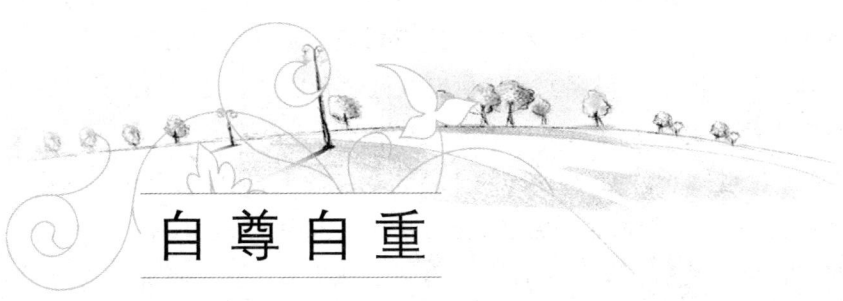

自尊自重

□[美]威廉·G.爱略特

威廉·G.爱略特　美国著名社会活动家、教育家,华盛顿大学的创立者。创建的"西方卫生委员会"在美国内战期间提供了医疗服务和保障,他把毕生的精力投入到改善公共生活水平和公众教育方面,被爱默生尊称为"西方的圣人"。

新英格兰的一位著名牧师说:"我的确而且必须尊重人的本性。"但他的这番话招来了非议。就此,我很想表达一下自己的想法。很久以来我一直认为人的本性是堕落、怠慢的,我都快忘了人的两面性。一方面,我们的本性倾向于堕落,即使到我们走向死亡的那一天;另一方面,我们又像一个天使,甚至像神一样完美。虽然这听起来不太顺耳,却是无可否认的事实。我们尊重我们的父母、领导,特别当我们认可了他们的地位时。即使再挑剔、敏感的人也会这样。那么我们为什么要违背人的本性呢?其实,我们之所以这样做,正是以一种叛逆的方式去尊重人的本性。我们尊重本性的要求,以维护那些需要保持的重要关系

和责任。

一位著名的人物曾说过："眼睛不去看，耳朵不去听，人们就意识不到上帝为他们准备的一切。"牛顿、富兰克林、华盛顿是我们公认的智慧超群的人，和周围大多数人相比，他们的确非常优秀，没有谁会不尊重他们，但如果他们能长寿不衰的话，他们会是怎样的呢？当他们思考那些还没人解决的令人着迷的科学问题时，他们是否会感到自身的渺小和卑微？相比约翰、保罗和霍华德，我们应该怎样看待牛顿、富兰克林、居维叶、所罗门呢？是把他们看做学者还是智者呢？道德的提升与智力的卓绝到底意味着什么呢？为什么同一个人不会兼具这两种素质呢？设想一下，如果有这样一个德才兼备的人，他既具有保罗的高尚品德，又拥有牛顿的卓绝智慧，会发生什么事呢？谁会不尊重这样的人呢？他所反映的人类的本性已经得到了升华和神化。正如诗人所说："他让我们看到了天堂的光辉。"因此我们有义务去尊重他。你可能并没有意识到：如果你充分地培养和发挥了自己的能力和潜力，你就会到达这样一个崇高的境界。到那时，所有前辈的圣贤都不再高不可比了。你难道不愿意学会尊重自己，至少是尊重上帝赋予我们的本性吗？无论如何，你忍心将自己善良的本性丧失殆尽吗？创造力只属于我们每一位上帝的子民，而你们——年轻人正是创造力的源泉，所以你们有心让自己沉沦到那样低下的水平吗？学着尊重自己吧，不为别人，就是为自己也该这样。让我们的所作所为更像是上帝所赋予的，你们愿意失去这样一个从各方面（智力、道德，甚至是生理上）使自己逐步完善的机会吗？你们难道不愿意充分挖掘和发挥自己的全部潜力和能力，达到理想的自我吗？你们可能对上述想法迷惑不解，下面我将解释得具体一些。

保罗在致其兄弟的第一封信中写道："无论活着，还是死去，我们都应该满怀希望与渴望，尊重自己。要尊重自己，年轻人首先要了解自己。"

的确，年轻人了解自己的最终目的就是要实现自尊。在成长的过程中，如同我们的祖先一样，我们总有一天要开始了解自己。无论圣贤还是恶人都要走这一步。我们常说找到病因就痊愈了一半，还说只有病人才需

要医生。在没认识自己之前，我们正像一个病人，病因是我们过度地忽视了自己。尽管我们对他人也不是十分了解，但相比对自己的了解来说，却又显得多得多。我们中的智者可能会先发现这一点。而大多数人则对自己了解得很不够，正如瓦特医生所说："我们根本不知道自己有多幼稚和脆弱。"有时候我们会承认自己的无知，却很少真正认识到自己的无知。我们总喜欢自欺欺人地认为自己非常聪明。当我们对一个年轻人谈起他的无知，如果我们的年龄较大，他会很痛快地承认；如果我们与他平辈，那会发生什么呢？也许他会承认，但大多数情况下，他会驳斥这个说法，甚至会勃然大怒。

　　我见过许多年轻人，他们都能正确地看待这个问题，只有那些对自己缺乏了解的人才会有失礼的表现。而且为了掩盖自己的无知，那些自负的年轻人还会推说人的本性促使他们那样。实际情况是，我们越无知，就越缺乏对自己的认识。相比之下，我们越聪明，就越能感受到自己各方面，尤其是自身的不足。也就是说，我们还不是很聪明，无法体验到自己的无知。至于自我学习对年轻人到底有多重要，我还说不很清，因为这个问题太大了。

第五辑　要懂得尊重别人

青少年受益一生的 名人做人智慧

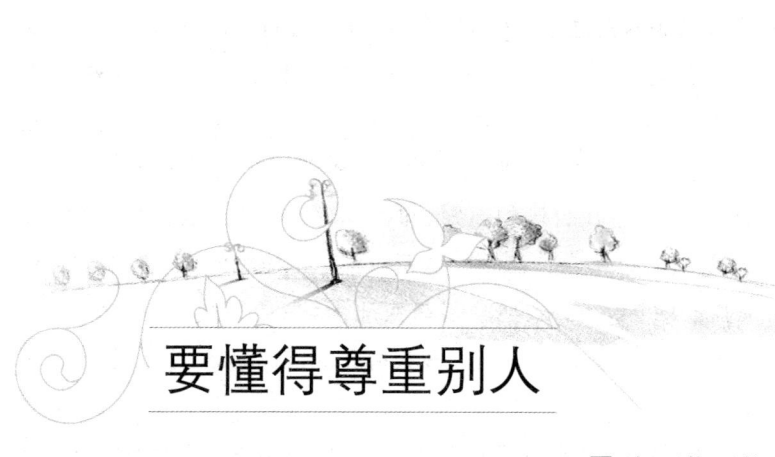

要懂得尊重别人

□[法]玛格丽特·杜拉斯

玛格丽特·杜拉斯(1914~1996)　女,生于越南嘉定。法国当代著名小说家、剧作家和电影艺术家。成名作是自传体小说《抵挡太平洋的堤坝》,被认为是新小说派的代表作。她的《情人》获法国龚古尔文学奖。1983年获得法兰西学院的戏剧大奖。

亲爱的迈克:

在生活和学习中,有一点你不应忽视,那就是尊重。尊重每一个人,是在日常交际中一项十分重要的做人原则。没有尊重的交往是不可能持续下去的。只有相互尊重,才能相互认可,体验对方的心情,让对方乐于接受。

一些唯我独尊的人往往认为"唯我独尊"才是伟人或领袖们所独有的,它是充满自信的表现。然而,事实是,那些伟人们之所以会赢得别人的尊敬,并不是因为"唯我独尊",而是因为他们能够尊重每一个人。

自尊心是每一个人都拥有的,无论他是高高在上的国王,还是沿街乞讨的流浪汉。然而,在与人交往时,我们往往是过分强调自己的自尊心,而忽略了别人的自尊心。

没有人愿意被别人伤及自尊,人们总是希望得到肯定和赞美。许多人自己看着不顺眼就想指责别人，别人一有失误就抓住"把柄"加以"发挥"。殊不知，这样往往伤害了别人的自尊心。

要做到尊重每一个人，最关键的就在于尊重差异。要重视不同个体的不同心理、情绪与智能。

教育家李维斯所著的寓言故事《动物学校》就对不同个体的差异性作了很好的阐述：

有一天，动物们决定设立学校，教育下一代应付未来的挑战。校方设定的课程包括飞行、跑步、游泳及爬树等本领，为方便管理，所有的动物一律要修完全部课程。

鸭子游泳技术一流，飞行课成绩也不错，可是跑步就无计可施了。为了弥补这一缺陷，它只好在课余加强练习，甚至放弃游泳课来练跑。到最后磨坏了脚掌，游泳成绩也变得平庸。校方可以接受平庸的成绩，只有鸭子自己深感不值。

兔子在跑步课上名列前茅，可是对游泳一筹莫展，甚至精神崩溃。

松鼠爬树最拿手，可是飞行课的老师一定要它从地面起飞，不准它从树顶上降落，弄得它神经紧张，肌肉抽搐。最后爬树得了丙，跑步更只有丁。

老鹰是个问题儿童，必须严加管教。在爬树课上，它第一个到达树顶，可是它坚持用最拿手的方式，不理会老师的要求。

结果，到学期结束时，一条怪异的鳗鱼以高超的泳技，加上勉强能飞能跑能爬的成绩，反而获得了平均最高分，并代表了毕业班致辞。

看了这个寓言故事，你也许会觉得很好笑。然而，有些人也在无意识地这样做，他希望淡化差异，别人最好能变得和自己一样。

正如世界上不可能存在两片完全相同的树叶一样，世界上也不可能存在完全相同的两个人。既然你能尊重某些人，为什么不能尊重每一个人呢？每一个人都有其自身的优点，值得去发掘、去学习，更值得去尊重。

第五辑　要懂得尊重别人

你对别人感兴趣,就是别人对你感兴趣的时候。要想处处受人欢迎,就应该记住下面这一条黄金法则:真心诚意地关心别人,尊重每一个人。

希望你能从尊重别人中得到快乐!

深爱你的母亲

维护你的尊严

□[美]韦恩·韦德伊尔

请记住:自己的行为,正是别人应该怎样对待你的样板。

交际中,人们需要有自己的尊严和独立的人格。这儿有一些你用得着的策略,它能教人如何对待你。

——要用尽可能多的行动而不是仅仅用语言来表现你的反抗。如果你的家人不愿承担家庭义务,而你通常的反应只是发发牢骚,然后仍由自己把活干了,那么下次的结果仍将如此,于事无补。若你的儿子应该把垃圾倒掉,可他总忘,那么你只应提醒他一次。假如他在你限定的时间内还不干,你就心平气和地把垃圾倒在他的床上。用叫他立即把床上垃圾倒掉的做法来教训他,这要比你说很多话来教训他更为有效。

——不要干你非常不愿干,或者不必由你承担的工作。两星期内不要割草坪的草也不要去洗衣店,看看会发生什么情况。如果你经济条件好,就试着雇个人来干这些活;或者向家人宣布:自己的事情自己干。一般来说,你之所以干着仆人的活,是因为你让人们觉得你将会干这些活,而且毫无怨言。

青少年受益一生的 名人做人智慧

——说些果断的话,哪怕在毫无意义的场合下也要这样做。对饭店服务员、售货员、陌生人、办事员和出租车司机要高声讲话。对专横的人要予以反唇相讥。你必须迈出这第一步,要克服恐惧的习惯。

——不要说会招来人们损害你的话。比如,别在人前对自己下这样的评语:我没什么了不起;我并不精明;我从不明白法律上的问题。这些说法,实际上是在准许别人看不起你,甚至利用你。如果在一个饭店服务员算账时,你告诉他你不善计算,那无异告诉他你不能够找出他计算中的差错。

——当你碰到诉苦者、阻碍者、争论者、吹牛者或其他令人讨厌者时,你就平静地用这样的话来提醒他:你打扰了我;你在抱怨永远改变不了的事情。你在对方面前表现得越镇静,越直率,你处于牺牲者地位的可能就越少。

——让别人知道,你有权拥有自己的时间。工休时,大胆地从繁忙的公务或高温炉边离开,休息一会儿,这种态度要坚决。不许别人侵占你的这些时间是最关键的。

——要大胆地说"不"!这是世界上最好的否定词。忘记"嗯嗯呃呃"吧,这种声音会给别人造成误解。人们更尊敬的是"不",而不是支支吾吾的搪塞。搪塞只能隐藏真情,但真情首先需得到自己的尊敬。

——不要为自己的果敢行为而内疚。当有人对你表现出一副被刺痛的样子,或者送你一件礼物,或者回敬一个愤怒的答复时,你不要担心自己做错了,要抵制住这种想法的诱惑。在一般情况下,当你教训那些损害你的人时,他们对你此举会不知所措。所以遇到这种情况,千万不要动摇。

记住:你自己的行为正是别人应该怎样对待你的样板。如果你把它作为生活原则,那么你也就能维护自己的尊严和独立的人格,掌握自己的命运。

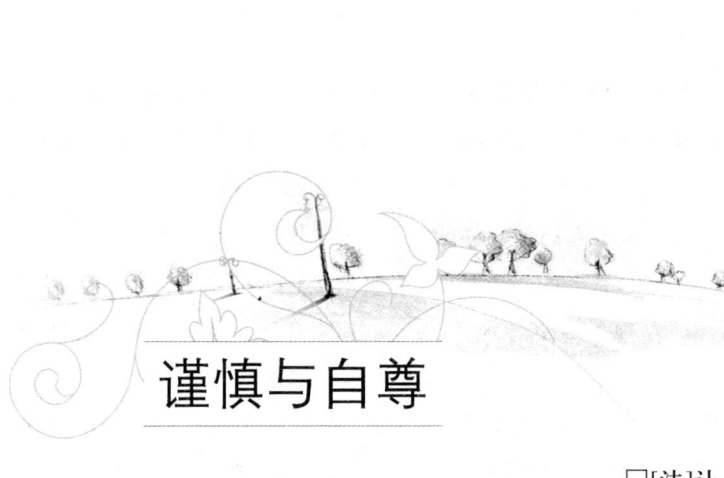

谨慎与自尊

□ [法]让·雅克·卢梭

让·雅克·卢梭(1712~1778) 生于瑞士日内瓦。18世纪法国大革命的思想先驱,法国著名启蒙思想家、哲学家、教育家、文学家。主要著作有《论人类不平等的起源和基础》、《社会契约论》、《爱弥儿》、《忏悔录》和《漫步遐想录》等。

世人的议论是葬送男人美德的坟墓,然而却是荣耀女人的王冠。我究竟有什么地方侮辱了她,以致使你陷入绝望之中?我诋毁了她的美德或是忠诚吗?因为正是在这一点上你竭尽全力为她辩护,其实你又何必为此抗议呢?既然那是不可能的。亲爱的德莱尔先生,战争的格言是,人总是要从防卫最坚固的地方出击。我曾说她是个爱管闲事的人。的确,我错了。假如今天在得知你仍迷恋于她的时候,再用这一不够尊敬的形容词,那我将犯更大的错误。但设身处地地替我想一下,我认为爱管闲事的人是讨厌的,好奇而又多嘴多舌,为了满足其无足轻重的好奇心,他们竟至影响他人的休息。我认为一个真正谨慎谦虚的人(你就是这样向我描述她的,而我并未强求你把她介绍给我),劝阻你时会说(我想象):"你为什么要打扰那位可怜的爱好独居的人呢?既然他要待在那儿,就随他的心愿吧,我可不愿牺牲别人以满足我的奇想。"在我沉溺于其中的这个不幸的深渊里,我感到人家给我的打击,一下一下都落到我的身上,我看到打击我的直接工具,却看不见那只操纵工具的手,也看不见这只手所使用的方法。厚实又是怎样的呢?她来到我处,窥探我,搜寻我,而且竟不惜将我逐出房于,讯问我的管家——这一切是为了什么？她乐于出我的洋相(别生气)，也出足了你的洋相。请原谅我，亲爱的德莱尔，我就说这是好管闲事，类似的词语，今后不会再出之于我口，但允许我最后一次地告诉你，尽管我和他人一样易动感情，但我绝不会爱上这种妇人或姑娘。

你热恋着一位温柔善良的姑娘，这并不奇怪，所有的情人都会这样。你是在巴黎看上她的？在巴黎找到温柔善良的情人并非不幸，你答应要和她结婚，那么亲爱的德莱尔，你就做了一件蠢事。因为假如你继续爱着她，这一承诺有何意义？如果你不再爱她，它又有何用？只会给你带来许多麻烦。可能她也做了同样的允诺，这样我就不必再讲了。你是用血在签署这张契约吧？慈爱的神，你的能力用到什么地方去了？

致 儿 子

□[英]威廉·赫兹里特

威廉·赫兹里特（1778~1830）　英国散文家、文艺评论家。与兰姆齐名，是19世纪浪漫主义运动中的一位重要代表。散文是他一生主要的文学成就。在他的随笔写作中，以《燕谈录》和《直言集》影响最大。其中《燕谈录》非常典型地反映了他的随笔散文的风格特点。

我亲爱的儿子：

现在你要上学了，也许你把上学看做自己迈向社会的第一步。我的身

体不太好,也许活不了多久,不能陪伴你走过漫长的人生之路。我想就为人处世的道理给你几条忠告(尽我所知),一来也许会对你有所启迪,二来你想起这些忠告,就能想起我。不说别的,至少我可以把自己曾经犯过的错误告诉你,提醒你不要重蹈我的覆辙。

我送你上学的路上,你把一句话重复说了好几遍:"我敢肯定,学校里的人都是些笨头笨脑、不好相处的家伙。"你指的是学校里的同学。我要批评你了。对将要面对的生活满怀憧憬是一条黄金法则。我亲爱的孩子,你要永远相信一切都将十分顺利,除非你发现实际情况并非如此;即使实际情况让你大失所望,也不要跟自己怄气,如果你不能改变环境,就要尽量克制和忍耐。你说:"我敢肯定,我不会喜欢自己要去的学校。"这是错误的;你想要表达的是你不愿意离开家,但你不能说你不喜欢学校,因为你还没有去那里,怎么会知道呢? 如果你还没有去,就断言自己不会喜欢这所学校,那么,你去了学校后,就会果真不喜欢它。千万不要怀有先入为主的偏见;此外,既然一个人不可能事事顺遂,那么,不要让自己的坏情绪和任性使情况变得更糟糕。

刚开始你好像并没有在意自己的同学,就把自己跟他们对立起来,因为他们对你来说是陌生人。你对他们一无所知,他们对你也是一无所知,也许这就是他们疏远你的原因,他们的疏远让你心里很难过。你要学会不对别人产生偏见,因为你对他们根本不了解。偏见是不理智的判断,偏见会把一半的朋友变成敌人。不要对他们怀有敌意,除非他们对你不友善;你看到别人身上有一些毛病,那么,你要引以为戒,努力避免。与尖刻的批评、怨恨或者牢骚相比,谦和和自爱更能瓦解他们的敌对情绪。

我想你对那些衣饰不如你漂亮的孩子怀有歧视。千万不要由于一个人本身无力改变的状况而对他产生鄙夷之心——至少不要歧视别人的贫穷。我希望你外表体面,是不愿意让你在这个世界上受到一些无知而浅薄的人的讥笑,但我不希望你因此把自己看得高人一等。我希望你既不受世俗偏见的蒙蔽,也不被它们伤害。刚才我说"千万不要由于一个人本身无力改变的状况而对他产生鄙夷之心",更准确的说法应该是"千万不要歧视任何人",因为歧视意味着看到别人的弱点沾沾自喜,意味着对别人的失败或者不幸幸灾乐祸。

　　你抱怨说别的孩子取笑你，不关心你，你得到的待遇与在家时完全不同。我亲爱的儿子，我们送你去上学的主要原因，正是为了让你适应不可避免的生活摩擦和各种可能的境遇。你千万不要指望别人会像我一样对你关怀备至。你是个被宠坏的孩子，你习惯了唯我独尊，在家里和在伙伴们中间都是这样，你在伙伴们中间当惯了头领；不过你心地善良，头脑聪敏，过一段时间，这些问题都会克服的。

爱你的爸爸

美丽的微笑与爱（节选）

□ [印度] 特蕾莎修女

特蕾莎修女（1910~1997）　又译为德兰修女、泰瑞莎修女。她是世界上备受敬重的天主教慈善工作者，主要替印度加尔各答的穷人服务。1979 年获诺贝尔和平奖。

　　如果我们可以为穷人建立家庭，我想越来越多的爱将会传播开来，而且我们将能够通过这种体谅他人的爱而带来和平。

　　穷人是非常好的人。一天晚上，我们外出，在街上带回了四个人，其中一个奄奄一息——我告诉修女们说：你们照料其他三个，我照顾这个濒危的人。这样，我为她做了我的爱所能做的一切事情。我将她放在床上，她的脸上露出了如此美丽的微笑。她握住我的手，只是说"谢谢您"，随后就死了。

我情不自禁地在她的面前审视我的良心,我自问:如果我处在她的位置上,会说些什么呢?我的回答很简单。我会试图引起别人对我的一点儿关注,我会说:我饥寒交迫,奄奄一息,痛苦不堪等,但是,她给我的要多得多——她将其感激之爱给了我。然后她死了,脸上还带着微笑。我们从阴沟里带回来的那个男人也是这样。他快要被虫子吃掉了,我们把他带回了家。"在街上我活得像动物,但我将像天使一样死去,因为我得到了爱和照料。"真是太好了,我看到了那个男人的伟大,他能说出那样的话,能够那样地死去:不责备任何人,不辱骂任何人,与世无争。像一位天使——这便是我们的人民的伟大之处。因为我们相信耶稣所说的话——我饥肠辘辘——我无衣蔽体——我无家可归——我不为人要,不为人爱,不为人管——而你却对我做了。

我认为,我们并不是真正的社会工作者。在人们的眼中,我们或许是在从事社会工作,但是,我们实际上是在世界的中心沉思冥想的人。我想,在我们的家庭里,我们不需枪炮弹药来进行破坏或者带来和平——我们只需要团结起来,彼此相爱,将和平、喜悦和活力带回家庭。这样,我们将能够战胜世界上现存的一切邪恶。

我准备以获得的诺贝尔和平奖金,努力为很多无家可归的人建立家庭。因为我相信,爱开始于家庭。如果我们可以为穷人建立家庭,我想越来越多的爱将会传播开来,而且我们将能够通过这种体谅他人的爱而带来和平,给穷人带来福音,这些穷人首先是我们自己家里的穷人,其次是我们国家和世界上的穷人。为了做到这一点,我们的修女、我们的生命就必须同祷告紧密相连。因为在今天的世界上有如此之多的痛苦……当我从大街带回一个饥肠辘辘的人时,给他一盘米饭、一片面包,我就心满意足了,因为我已经驱除了那个人的饥饿。但是,如果一个人露宿街头,他感到不为人要,不为人爱,恐惧不安,被我们的社会所抛弃——这样的贫困如此充满伤害,如此令人无法忍受,我发现这是极其艰难的……

因此,让我们经常以微笑相见,因为微笑是爱的开端。一旦我们开始彼此自然地相爱,我们就想做点儿事情了。

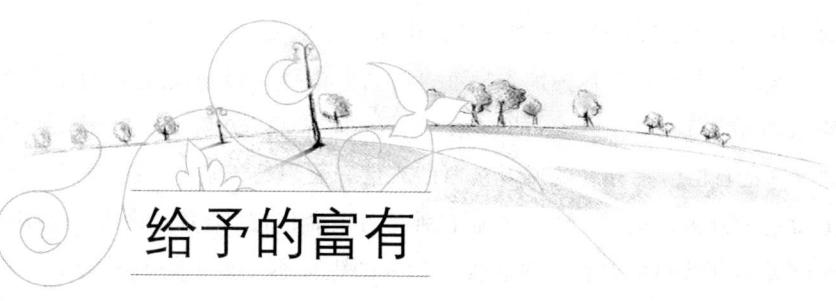

给予的富有

□[美]弗罗姆

艾利克·弗洛姆(1900~1980) 心理学家、社会哲学家和作家。生于德国法兰克福,获得海德堡大学哲学博士,后来毕业于柏林心理分析研究所。提出弗洛伊德的马克思主义,认为精神分析应与马克思主义结合起来。1924年赴美,此后写了20多本好书,其中包括《爱的艺术》、《逃避自由》、《健全的社会》、《为自己而活》(《自我的追寻》)、《人的心》、《被遗忘的语言》、《心理分析学的危机》等。

在物质方面,给予意味着自己的富有。不是一个人有很多金钱他才算富有,而是他给予别人很多才算富有。生怕丧失什么东西的贮藏者,如果撇开他物质财富的多少不谈,从心理学角度来说,他是一个贫穷而崩溃的人。不管是谁,只要他能慷慨地给予,他就是个富有的人。他把自己的一切给予别人,从而体验到自己生活的意义和乐趣。只有那种连最低生活需要也满足不了的人才会不能从给予的行动中得到乐趣。

然而,日常经验表明:一个人所认为的最低需要,取决于他的性格特征,就像他所考虑的最低需要取决于他的实际财产一样。众所周知,穷人要比富人乐于给予。但是贫穷得超过某种限度的人是不可能给予的。同时,要求贫穷者给予是卑劣的,这不仅是因为贫困而再去给予别人会直接

给贫困者带来痛苦,而且是因为它会使贫困者丧失了给予的乐趣。

　　然而,给予最重要的意义并不在于物质方面,而尤其在于人性方面。一个人能给予另一个人什么东西呢?他把自己的一切给予别人,把自己已有的最珍贵的东西给予别人,把自己的生命给予别人。

　　这不一定意味着他为别人牺牲自己的生命,指的是他把自己身上存在的东西给予别人,把自己的快乐、兴趣、同情心、谅解、知识、幽默、忧愁——把自己身上存在的所有东西的表情和表现给予别人。在他把自己的生命给予别人的时候,他也增加了别人的生命价值,丰富了别人的生活。通过提高自己的生存感,他会提高别人的生存感。他不是为了接纳才给予。给予本身就是一种强烈的快乐。在给予中,他不知不觉地使别人身上的某些东西得到新生,这种新生的东西又给自己带来了新的希望。在真诚的给予中,他无意识地得到了别人给他的报答和恩惠。

　　给予暗示着让别人也成为给予者,双方共同分享他们已使某些东西得到新生的快乐。由于在给予的行为中会产生某种东西,因此涉及给予行为的双方,对他们看到的新生活非常感激。尤其是就爱而言,这意味着爱是一种能产生爱的力量。软弱无能是难于产生爱的。

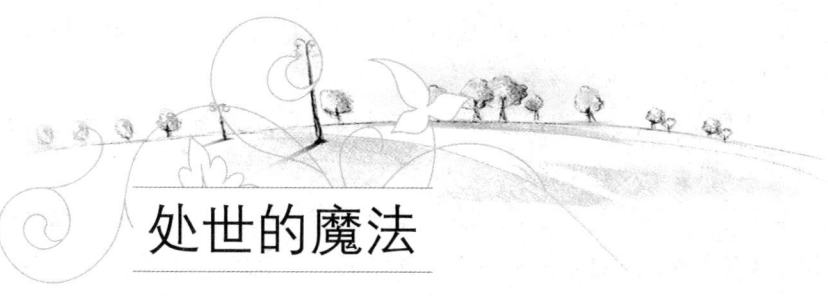

处世的魔法

□秦文君

秦文君　女，1954年生于上海。儿童文学作家。1982年开始文学创作，代表作有《男生贾里新传》、《女生贾梅新传》、《小鬼鲁智胜》、《小妖林晓梅》等。先后40余次获各种文学奖。她的小说风靡校园，深受中小学生喜爱，被誉为"新时期少年儿童的心灵之作"。

　　少女时代我家居住在一个大院里，院门口有一条瓶颈似的窄弄堂，笔直的一溜儿。在那儿学骑自行车再合适不过了，像被框在规范中。暑假期间，我和两个同伴总是相互扶着在那儿练习，处在那种眼看要学会却还差点火候的当儿，最让人欲罢不能。

　　不承想，这块风水宝地居然被一个陌生的外乡人占领了。他是个酒鬼，总是在弄堂当中席地而坐，怀抱酒瓶，不断仰起脖子痛饮，直喝得酩酊大醉，然后醉倒在地。

　　这个人的出现于我们是极扫兴的事，但谁敢去赶走一个酒鬼呢？酒鬼一般来说爱动粗，一旦冒犯他，谁知道他会不会大声咆哮，或是乱砸东西呢？

　　有一天，酒鬼走开了，我赶紧把自行车推出院门，央求那两个同伴左右相扶，跌跌撞撞地朝弄口骑去。可就在此时，那酒鬼突如其来地出现在弄口。两个同伴"嗷嗷"地叫起来，松开手就退开去，而我因为没学过如何

第五辑　要懂得尊重别人

下车,所以身不由己"勇"往直前,"咚"的一下撞过去,竟将叉开腿站着的那人撞了个跟头,随后我自己也像子弹那样被弹了出去。

我知道这下惨了,只有苦笑的份。不料,那人看见我笑,捏紧的拳头慢慢松开了。后来的事不可思议,他居然骑着我的自行车向我示范如何前下车、后下车,甚至双脱手驾车。

我就是在那天学会骑自行车的。我从没想到过,我会在一个酒鬼那儿学到什么,而事实却胜于想象。

暑假过后,那个人不见了,同伴猜想那酒鬼讨厌自己的生活,去痛改前非了,也有的说他不过是挪个地方继续潦倒。不论怎样,我看到了那是个渴望被别人友善对待的人,另外,既然我从他那儿学到过东西,对他的记忆会留得很深。

其实,我那些拿手的生活本领几乎都是从别人那儿学来的。比如我最早的烹调是跟小铺子里素不相识的厨娘学的。那天我路过小铺子,她正挥动锅铲炒菜,那种沉浸在生活里的生动景象吸引了我,我站定下来,她发现了我,于是撒盐时带着示范,动作越加规范,她乐于这么做!所以我常常想,只要有心,我在人堆里随处可找到老师,比如那个从未与我交谈过,相貌平平,看似目光只在油盐酱醋上的厨娘,我真该称呼她一声启蒙老师。

生活中更有许多人教会我们如何做人:我曾见过一个贫苦家庭的孩子,穿着旧衣衫,却将积攒下来的一包在手心里捏得热乎乎的零钱捐给了更穷的孩子。我拉住他的手,问他为什么这么做,他说,他懂得穷得过不下去的日子是什么滋味。

还有一次,我们举办联欢会,用美丽的孔雀羽毛装饰墙画,有个3岁的孩子突然跑过来,睁大眼睛问:"孔雀一定会很疼吧?"一时间,在场的大人都愣住了,因为从孩子真切的话中,我们感受到某种震颤,仿佛唤醒了丢失已久的赤子之心和怜悯之心。

我想,一个高明的人应该是乐于身处人群的,因为透过种种表象,与人相处能迸发出神奇的魔法:那就是相互学习、完善,彼此分享友善和关爱,以及成长的心得。

君子处其实,不处其华;治其内,不治其外。

——[明]张居正

如何博取别人的尊重

□ [美] 亚当·鲍德温

亚当·鲍德温 1962 年生,美国著名电影演员。出演的作品主要有《海神号遇险记》、《杀人频道》、《双重警力》、《烈火诱惑》、《从地球到月球》等。

在理想中,人际关系都应该以彼此间的真诚尊重、畅顺沟通和关怀体谅为基础。可惜的是,实际情形并非如此。有些人常常对别人步步紧逼,不断地提出请求,进行试探,直到遇到对方抗拒为止。而另一方面,有些人则不肯抗拒这些试探,事后却找出种种理由来解释他们何以永远被欺侮。

让我们来看看以下这几个日常例子。

艾媚有个朋友不断向她借东西,但从不归还。艾媚鼓不起勇气向她追讨。她的解释是:"如果我去质问她,就会伤害她的感情,而她又是我很要好的朋友。"

约翰在工作单位里有个能言善辩的同事,三番五次地说服约翰替他做一部分工作。约翰一向把自己视作愿意为别人帮忙的好好先生,可是他也知道自己的好心只是使那个同事腾出点时间去进行交际应酬。约翰的解释是:"老是找不到适当时机和场合来提起这个问题。"

安德莉亚对她的两个孩子所要求的任何事情,不论是购买新玩具,迟迟不上床睡觉,或是不做作业而看电视,差不多全都答应。安德莉亚的解

释是："他们只是孩子,满足其要求会使他们快乐。"

像艾媚、约翰和安德莉亚这样的人,往往为了想让别人赞许而牺牲了他们的自尊。他们简直就不知道怎样拒绝别人——而正因为这样,他们吃亏不少。

但人是可以改变的。如果你认为你也像艾媚、约翰或安德莉亚一样,那么,你可以学会利用一些方法来表明你的感受和希望,保护你人格的完整和获得别人的尊重。

最重要的是辨认并纠正一般消极的人所共有的不适当的沟通方式。

不要给别人一个现成的托词

例如,近来你天天迟到,不过,我知道你不是一个早起的人,要那么早就开始工作是很难的。如果你给了对方一个借口,他便会认为你可以容忍他的所作所为,从此他就会继续迟到;同时他还认为你是个软弱无能、不愿贯彻意旨的人。

提出合理要求时不要表示歉意。例如,父亲厉声叫儿子打扫他的房间,但3个钟头后却对儿子说:"孩子,我刚才不应该粗声对你说话。你知道吗?我不是生气。因为,我知道你一定会自动清理你的房间的。"做完一件事之后表示的歉意,通常是心有内疚或忧虑的结果。用这样的方式来取消一个坚强的声明,会使你丧失自尊。

不要过分宽限你分派的任务

例如,"我真的要在星期五看到那份报告,不过我可以等到下星期。假如事情顺利的话,也许再迟一点也无妨。"去掉那些"假如"和"不过"之类的字眼吧。一项清楚说明你希望那份报告什么时候完成的直截了当的声明,既能防止误解,又可以使报告更有可能及时交卷。

不要把你的责任推给别人

例如,"老板说你应该……"或是"你妈妈说你必须……"之类的说法,

虽然可使说话的人不负责任,但却使他变成了一个毫无实权的传话者。假如你一开始就说"我要你做……"人们就会把你看做是一个坚强的人。

在你消除沟通上的不良习惯时,你必须用更为有力的办法来代替。下面有八种办法供你试用;不可操之过急,先在你的人际关系中使用一两种,然后再使用其他几种。要记住,前后一致和坚持不懈是非常重要的。

1.要直截了当地把你的期望说得清清楚楚。消极的人常常以为,他们就是不吩咐,别人也会知道该怎么做。这往往会引起许多不必要的问题。

2.要考虑透彻,说明问题之前,脑子里先要有个概念。事先把事情想通想透,你才能陈述得合情合理。

3.碰到问题立刻解决,躲避问题只能使问题更趋严重和更难解决。如果你对小的问题亦及早处理,那无疑是一开头就说明了你的期望,而别人也就能确实知道你的看法。

4.小心选择要对付的问题,新近才学习维护自己权利的人常会做得过火,在同一时间对付太多问题,以致往往弄得焦头烂额。如果能适当选择问题,你便更能控制局面,取得较大的成功机会。

5.表现自己时不可愤怒,如果你只在怒不可遏的时候表现自己,那表示你是软弱的。假如你不能平心静气地表现自己,你对别人的话的反应便可能过于激动。况且,当你大发脾气的时候,别人很可能会为自己辩护。这样,真正的问题通常便解决不了。同样的道理,如果别人听了你的话后产生过分激动的反应,你也不可感到愤怒。你的毫不动气,可以在相形之下显示出对方的态度很不成熟,而且,你的镇定通常还能使他冷静下来。

6.利用你自己的地盘,球队在本地和外队比赛,常较易获胜。维护自己的权利也是一样。在一位同事的办公室或他的家里和他对抗,往往会处于下风。因此,在可能范围内,最好在你自己的"领地"坚持你的意见,这样你便可以占到不少微妙的便宜。

7.利用非语言的暗示,说话时眼睛要与对方保持接触。不要反复不断地说明你的理由,要用停顿来加强效果。用适当而非挑衅性的手势来强调你的论点。

8.不要虚做恫吓,你在虚张声势的时候,即使年幼的孩子也知道。要建立你的威信,就必须说明你的合理期望,以及说明如果这些期望不能达到

时会产生什么后果，然后贯彻到底。要赢得别人对你的尊重，只有让他们确实知道你言出必行。

从消极变成积极并不是一条易走的路，你会失去一些亲密或友好的关系；但是，为了争取自己的自尊心，即使丧失几个人的好感，也是值得的。当你让别人知道，他们对你的态度应该像你对他们的态度一样时，更为健全的新关系就会产生。毕竟，你的人际关系如何，应该由你自己负责。

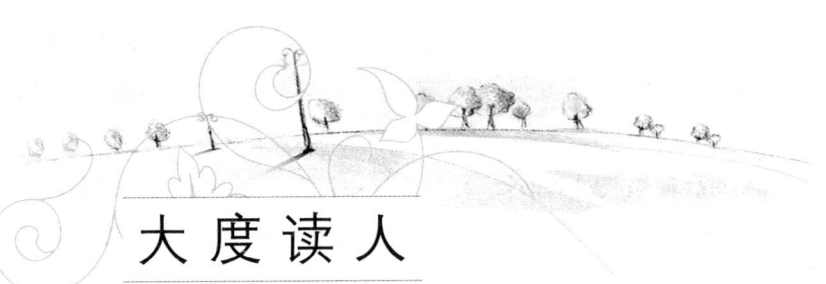

大度读人

□冯骥才

冯骥才 1942年生于天津，浙江宁波人。当代著名作家、画家。其文学作品题材广泛，形式多样，代表作《雕花烟斗》、《神鞭》、《三寸金莲》等获全国文学奖。绘画贯穿西方的绘画技巧和中国含蓄深远的文学意境，在中国画坛上独树一帜。

一个人就是一本书。

读人，比读其他文学写就的书更难。我认认真真地读，读了大半辈子，至今还没有读懂这本"人之书"。

有的人，在阳光明媚的日子里愿意把伞借给你，而下雨的时候，他却打伞悄悄地先走了。

——你读他时，千万别埋怨他。因为他自己不愿意被雨淋着（况且是人

若安天下，必须先正其身。未有身正而影曲，上治而下乱者。

——[唐]吴 兢

家的伞），也不愿意分担别人的困难，你能说什么呢？还是自己常备一把伞吧。

有的人，在你有权有势的时候，围着你团团转，而你离职了，或无权无势了，他却躲得远远的。

——你读他时，千万要理解他。因为他过去为了某种需要而赞美你，现在没有那种动力了，也就没有必要再为你吟唱什么赞美诗了。在此，你需要静下心来，先反思一下自己过去是否太轻信别人呢。

有的人，在面对你倾诉深情的时候，语言的表述像流淌的一条清亮、甜美的大河，而在河床的底下，却潜藏着一股污浊的暗流。

——你读他时，千万别憎恨他。因为凡是以虚伪的假面来欺骗别人的人，人前人后活得也挺难的，弄不好还会被同类的虚伪所惩罚，你应该体谅他的这种人生方式，等待他的人性回归和自省吧。

有的人，在你辛勤播种的时候，他袖手旁观，不肯洒一滴汗水，而当你收获的时候，他却毫无愧色地以各种理由来分享你的果实。

——你读他时，千万别反感他。因为有人肯分享你丰收的甜蜜，不管他怀着什么样的心理，都应该持欢迎的态度。你作出一点牺牲，却成全了一个人的业绩欲，慢慢地，会让他学会一些自尊和自爱。

有的人，注重外表的修饰，且穿着显示出一种华贵，而内心深处却充满了空虚，充满了无知和愚昧，那种文化的形态，常常不自觉地流露在他的言语行动中。

——你读他时，千万别鄙视他。因为他不懂得服装是裁缝师制作的，仅仅是货币的标志，而人的知识、品德和气质，却是一个人真正的人生价值。对于庸俗的人，你可以反观对照一下自己的行为。

读别人，其实也是在读自己。读真、读善、读美的同时，也读道貌岸然背后的伪善，也读美丽背后的丑恶，也读微笑背后的狡诈……

读人，最重要的是读懂怎样为人。

读人，是为了要做一个真正的人。

因此，读人时，要学会宽容，要学会大度，由此才能读到一些有益于自己的东西，才能读出高尚，才能读出欢乐，才能读出幸福。

尽管我还没有读完这本"人之书"，但我会一直努力从各方面去阅读。

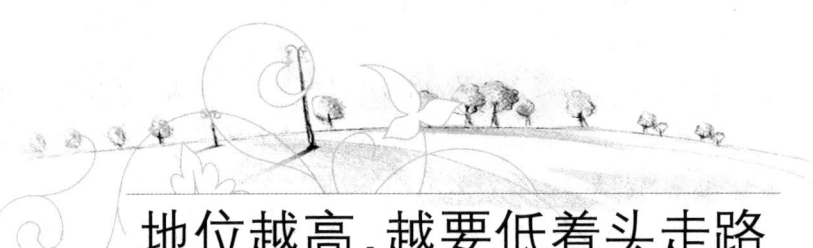

地位越高，越要低着头走路

□[古罗马]西塞罗

西塞罗（前106~前43） 古罗马政治家、雄辩家、哲学家。著作颇丰，今存演说、哲学作品《论善与恶之定义》、《论神之本性》等和政治论文《论国家》、《论法律》等多篇，及大批书简。他的著作资料丰富，文体通俗、流畅，被誉为拉丁语的典范。

　　当我们受到幸运之神的眷顾，事事如愿以偿时，切不可忘乎所以，盛气凌人。因为成功时的趾高气扬和遭厄运时的悲观丧气一样都没有真正取得智能，它们只是一种浅薄和脆弱的心态。不论在何种情况下，保持一颗平静的心，拥有笃定的态度，保持沉着的面容，才是最好的。

　　历史上很多圣贤都明白这个道理。马其顿的国王腓力虽然在功绩和名声上不如他的儿子，但在谦和与文雅方面则是他儿子的表率。因此，腓力始终被称为伟大的名人。所以，有人提出这样的忠告：地位越高，越要低着头走路。

　　以前人们常说，当马匹因经常参加战斗而变得桀骜不驯时，它们的主人就把它们交给驯马师去训练，以便使它们变得比较温驯，适合驾驭；同样，人由于成功而变得狂放和过于骄傲时，也应当对他们进行教育和开导，使他们变得温和平静。在变化难料的命运面前，任何人都应该谨慎地掌握变动的世事。

另外，我们越是成功，就越应当设法寻求朋友们的忠告，越应当重视他们的意见。在这种情况下，我们还应当警惕谄媚者的奉承之言，不要为他们的奉承之言所迷惑。因为人在这种时候很容易欺骗自己，常常误以为自己是完全值得这样称赞的。在这种心态的支配下，人就会产生许许多多的错觉，会自以为了不起，忘乎所以，从而干出极其愚蠢的错事，使自己身败名裂，为世人所耻笑。